并发编程图解

[俄] Kirill Bobrov(基里尔·波波洛夫) 著
林 润 译

清华大学出版社
北 京

北京市版权局著作权合同登记号 图字：01-2024-0884
Kirill Bobrov
Grokking Concurrency
EISBN: 9781633439771

图书在版编目 (CIP) 数据
并发编程图解 / (俄罗斯) 基里尔·波波洛夫著；林润译 .
北京：清华大学出版社, 2025. 5. -- ISBN 978-7-302-68983-6
Ⅰ . TP312.8-64
中国国家版本馆 CIP 数据核字第 202512XC40 号

责任编辑：王　军
封面设计：高娟妮
版式设计：恒复文化
责任校对：成凤进
责任印制：沈　露

出版发行：清华大学出版社
网　　址：https://www.tup.com.cn，https://www.wqxuetang.com
地　　址：北京清华大学学研大厦A座　　邮　　编：100084
社 总 机：010-83470000　　邮　　购：010-62786544
投稿与读者服务：010-62776969，c-service@tup.tsinghua.edu.cn
质 量 反 馈：010-62772015，zhiliang@tup.tsinghua.edu.cn
印 装 者：大厂回族自治县彩虹印刷有限公司
经　　销：全国新华书店
开　　本：170mm×240mm　　印　　张：15.5　　字　　数：320千字
版　　次：2025年5月第1版　　印　　次：2025年5月第1次印刷
定　　价：98.00元

产品编号：101249-01

作者简介

基里尔·波波洛夫(Kirill Bobrov)是一名经验丰富且略带脾气的软件工程师。他擅长设计和开发高负载应用，对数据工程充满热情，目前专注于为全球公司实施前沿的数据工程方案。此外，基里尔也是热门插画技术博客(网址为https://luminousmen.com)背后的神秘高手。

致　谢

在深入探讨并发之前，我想先表达我的感激之情，没有这些杰出人士的支持，本书不可能出版。有人将写书比作跑马拉松，但我认为写书的体验更像一场狂野的过山车之旅，幸运的是，有这些伙伴的陪伴！

首先，我要向我的妻子叶卡捷琳娜•克里弗茨(Ekaterina Krivets)表达我最深的感激之情，她为本书贡献了所有令人惊叹的插图。

其次，我的团队也一直陪伴着我，并给予我支持。特别感谢基里尼娜•亚利雪娃(Kristina Ialysheva)、米哈伊尔•波尔托拉茨基(Mikhail Poltoratskii)、塔蒂娜•波罗丁娜(Tatiana Borodina)、安德烈•加维罗夫(Andrei Gavrilov)和亚历山大•贝尔尼茨基(Aleksandr Belnitskii)，他们始终在我身后，给予我信任和支持我。特别感谢维拉•克里弗茨(Vera Krivets)，她帮助我润色英文。

柏特•贝茨(Bert Bates)和布莱恩•哈纳菲(Brian Hanafee)的教导和理念深刻地影响了我对教学和讲解复杂概念的方式。感谢二位的宝贵建议和贡献。

我深深感谢Manning出版社的团队。迈克•斯蒂芬斯(Mike Stephens)引领了这场激动人心的冒险，我对他的感激无以言表，感谢他给予我此次机会。艾恩•豪(Ian Hough)耐心地逐章帮我修正书中的英文错误，感谢他帮助我编辑本书。阿瑟•朱巴列夫(Arthur Zubarev)，感谢他不厌其烦地审阅初稿中的错误并提供有价值的反馈。劳•科维(Lou Covey)，我想为我偶尔的失礼向他表示歉意，感谢他给予我的持续鼓励。马克•托马斯(Mark Thomas)，感谢他对本书进行技术审阅和代码检查。蒂凡尼•泰勒(Tiffany Taylor)的精细工作和专业知识显著提高了本书的清晰度和连贯性。凯蒂•坦纳(Katie Tennant)，没有他十分细致的审查和编辑，本书内容不可能得以完善并成功出版。

对于本书所有的审阅者，包括阿祖吉特•纳亚克(Abhijith Nayak)、阿姆拉•乌穆德鲁(Amrah Umudlu)、安德烈斯•萨科(Andres Sacco)、阿纳德•贝利(Arnaud Bailly)、巴尔比尔•辛格(Balbir Singh)、比吉斯•科马兰(Bijith Komalan)、克里福德•萨伯(Clifford Thurber)、大卫•雅科博维奇(David Yakobovitch)、德米特里•沃罗比乌夫(Dmitry Vorobiov)、埃德度•梅伦德斯(Eddu Melendez)、埃尔内斯托•阿罗约(Ernesto Arroyo)、埃内斯托•波西(Ernesto Bossi)、艾山•坦德逊(Eshan Tandon)、埃兹拉•雪里德(Ezra Schroeder)、弗兰斯•欧林基(Frans Oilinki)、甘盛•斯瓦米纳汀(Ganesh Swaminathan)、格雷•古森斯(Glenn Goossens)、格雷戈里•瓦尔吉塞(Gregory Varghese)、伊玛克丽特•雷斯托•莫莎(Imaculate Resto Mosha)、詹姆斯•祖吉恩•刘(James Zhijun Liu)、吉里•捷西涅克拉(Jiří Činčura)、约翰顿•里维斯(Jonathan Reeves)、拉瓦尼亚•埃姆•克(Lavanya M K)、卢克•罗格(Luc Rogge)、马诺杰•雷德迪(Manoj Reddy)、马特•古柯斯基(Matt Gukowsky)、马特•惠尔克(Matt Welke)、米卡勒•达特雷(Mikael Dautrey)、诺兰•托(Nolan To)、奥利弗•科顿(Oliver Korten)、帕特里克•戈茨(Patrick Goetz)、帕特里克•雷金(Patrick Regan)、拉古纳斯•贾瓦哈尔(Ragunath Jawahar)、萨伊•赫格德(Sai Hegde)、赛尔吉奥•阿贝罗•罗德里格兹(Sergio Arbeo Rodríguez)、舍罗希卡•库拉蒂拉克(Shiroshica Kulatilake)、文卡塔•纳格恩达•巴布•亚纳马达拉(Venkata Nagendra Babu Yanamadala)、维塔利•拉尔什诺科夫(Vitaly Larchenkov)和威廉•詹米尔(William Jamir)，感谢他们为本书提供了宝贵的建议，使本书质量更上一层楼。

我还要特别感谢无私奉献的幕后英雄们。虽然他们的付出默默无闻，但其意义重大。他们是真正的明星！

最后，就像斯诺普•道格(Snoop Dogg)所言，我还要感谢我自己。如果没有我，就没有这本书。

前言

畅想一个技术飞速发展的世界，其演进的速度远超狂奔的猎豹，人们对高效并发编程的需求达到了前所未有的程度。在这个世界中，软件工程师面临严峻的挑战，既要构建足以应对海量数据并能进行高速处理的系统，同时还要满足用户无尽的需求。这是一个并发既令人着迷又充满困惑的时代，而我们正生活在这个时代。

我曾经深受并发问题的困扰。后来，我偶然了解到“并发”和“异步”的概念，这无异于发现了一处隐藏的宝藏。如果能善加利用这份秘而不露的宝贵资源，就可以将普通代码变成算力惊人的程序。然而，这份宝藏非常复杂，涉及许多技术名词，比如并发、并行、线程、进程、多任务和协程等。为了揭开并发编程的神秘面纱，我渴望找到一位向导，帮助我将所有知识条理清晰地串联起来。但是，由于一直未能找到能够将不同编程语言理论与实践结合起来的教程，我决定亲自着手编写。《并发编程图解》一书就是这样诞生的。希望本书能够成为各位读者探索知识迷宫的指南针，解开谜题，照亮前行。

不同于普通技术图书，本书特意插入了许多读者感兴趣的故事和趣闻。相比于理论书籍，本书更像是一本风趣幽默的故事书，并配有多幅幽默的插图，读者不妨细数！在保持风趣幽默的同时，本书也不隐瞒对饺子和比萨的喜爱，学习并发编程本就是一件趣事！

本书将陪伴读者一同征服并发编程中的难题，解密异步编程的谜团。从并发基础知识到async和await的使用，本书将使用Python语言作为学习过程中的可靠伙伴。即使读者对Python不够熟悉也无需担心，本书涉及的概念和方法并不局限于具体实现。

然而，读者可能会想：“为什么偏要选择Python呢？”这是因为Python在简单和强大之间实现了完美的平衡，能让开发者专注于并发的本质。此外，作为作者，我也毫不隐瞒对Python的喜爱。

无论你是希望加深对并发系统理解的资深开发者，还是对并发底层机制抱有好奇心的新人，本书都有适合你的内容。通过挖掘并发编程的秘密，读者将学习如何构建可扩展、高效和有弹性的软件系统，以应对任何挑战。

亲爱的读者，准备开启一段独特的学习之旅吧！在这段旅程中，时空的界限将变得模糊，程序会以章鱼般的节奏“舞动”。是的，你没听错——章鱼。作为来自深海的可爱生物，其八条触须配合得天衣无缝，就像并发系统一样既复杂又迷人。我们的旅程马上开启！

关于本书

并发、异步和并行编程领域繁冗复杂，本书力求用清晰且幽默的方式讲解其中的基础知识和实践技巧。不同于学术研究论文和编程图书，本书重点介绍底层思想和原理，而不是具体的实现细节。本书使用了风趣易懂的语言，并利用图表而不是复杂的数学概念进行阐释。通过阅读本书，读者将了解并发编程框架，并能在实际开发场景中使用可扩展的解决方案。本书填补了市场空白，为想要掌握并发和异步的开发者提供了一条学习捷径，并提供了全面且易懂的指南。否则，开发者可能需要多年的开发经验才能真正理解并发编程的精髓。

目标读者

本书适合想要了解并发编程基础知识的读者。为了充分利用好本书，读者应具备计算机系统、编程语言和数据结构的基础知识，以及顺序编程方面的经验。读者不需要具备操作系统方面的知识，因为本书已提供所有必要的信息。虽然本书涉及网络概念，但不会对其进行详细讨论，因此假定读者具备网络基础知识。读者不需要对这些主题有深入了解，如果有需要，可在阅读本书的同时再进一步学习。

本书内容

本书分三篇。第一篇“章鱼交响乐团：并发交响曲”，介绍了基本概念和编写并发程序的方法。通过分层的方式，从硬件层到应用层，第1~5章介绍了并发的基础知识。

第二篇“并发的章鱼触手：多任务、分解、同步”，讨论了如何利用抽象和流行的设计模式提高代码性能、可扩展性和弹性。在第6~9章，读者将学习如何避免构建并发系统时最常见的问题。

第三篇“异步章鱼：使用并发原理烹饪比萨”，基于前面章节介绍的并发知识，将讨论如何从单台机器扩展到多台联网机器。经过扩展，事件可以异步进行，即一个事件的发生时间不同于另一事件。第10~12章将重点介绍异步概念，展示并发的另一维度。以前，异步只是用来处理并发或并行任务，但现在可以将异步和真正的并发操作结合起来，以提高系统性能。第13章通过逐步拆解一系列并发问题为本书画上句号，助力读者完全掌握并发编程的核心技能。

下载代码

本书中示例的完整源代码可以从GitHub(https://github.com/luminousmen/grokking_concurrency)下载，也可通过扫描本书封底的二维码下载。源代码的目的是作为程序实现的参考。为了便于学习，这些示例代码已经过一定优化，充当教学的工具，但不一定适用于生产环境。对于生产环境项目，建议使用成熟的库和框架，因为它们通常对性能进行了优化，经过了良好的测试且支持度更高。

目　录

第一篇
章鱼交响乐团：并发交响曲

在安静的咖啡厅里，你正品尝着美味的咖啡，旁边突然传来一群程序员热烈的争论声。他们口中喊着并发计算、线程和进程间通信等专业词语，让人一头雾水。不只是你听不明白，其他人也都很困惑。

如果你曾去音乐厅听过现场音乐会，一定见过一群演奏家同时演奏不同乐器的场景，感受过音乐旋律的和谐动听。不同乐器的音色天衣无缝地融合在一起，演奏出令人惊叹的旋律。同时演奏乐器和并发很像。在并发中，多个进程或线程同时运行以实现共同的目标。

在本书的第1～5章，你将学习并发的基础知识，了解计算机的工作原理和不同类型的并发。我们将介绍顺序计算和并行计算，深入探讨硬件和软件实现并发的原理，还会分析各种进程间通信，这些通信方式使多个进程能够无缝协作。

话不多说，端起一杯拿铁咖啡，加入程序员们的讨论吧。你一定会有所收获！

第1章 并发入门

本章内容：

- 为什么并发如此重要
- 如何衡量系统性能
- 并发的层级

利用片刻时间，仔细打量窗外的世界。世界万物是以线性、顺序的方式运动，还是以相互作用、彼此独立的复杂方式同时在运动呢？

尽管人们更善于顺序思考，比如按照待办事项列表逐一处理手头的工作——但现实是，世界的运行规律远比这复杂，其往往不按照顺序而是以并发的方式运行，相互关联的事件同时发生。从繁忙混乱的超市到配合天衣无缝的足球队，再到车水马龙的道路，并发无处不在。和自然界一样，计算机系统只有依靠并发，才能对复杂多变的现实世界进行建模、模拟和分析。

计算机通过并发可使系统同时处理多个任务。这些任务可能是一段程序、一台计算机或多台计算机构成的网络。如果不使用并发，应用则无法处理世界的复杂性。

当我们深入研究并发时，可能会面临诸多问题。首先要回答的问题是，为什么并发如此重要？

1.1 为什么并发如此重要

并发在软件工程中至关重要。高性能应用和对并发系统的需求，使并发编程成为软件工程师的必备技能。

并发编程并不是新概念，但在最近几年受到了越来越多的关注。随着现代计算机系统中内核和处理器数量的不断增加，掌握并发编程已成为编写软件的必要技能。公司正在寻找熟练掌握并发编程的开发者，因为并发通常是解决计算资源有限且性能需求高问题的唯一方法。

并发的最主要优势是能够提高系统性能，这也是人们研究并发的初衷。下面让我们一探究竟。

1.1.1 提升系统性能

当需要提高性能时，仅购买更高性能的计算机，为什么行不通呢？几十年前，人们确实是这么做的，但是最终发现这种做法并不可行。

摩尔定律

1965年，英特尔联合创始人戈登•摩尔(Gordon Moore)发现了一个规律。每隔两年左右就会出现新一代处理器，处理器中的晶体管数量大致会翻倍。摩尔得出结论，晶体管的数量及处理器时钟速度每隔24个月都会翻倍。这就是著名的摩尔定律。对于软件工程师而言，这意味着只需要等待两年，程序的运行速度就会翻倍。

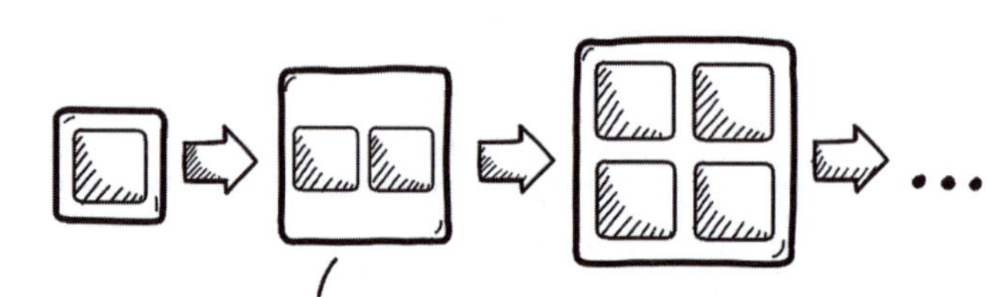

每隔1到2年，晶体管数量翻番，2022年达到2000个晶体管

然而，大约在2002年，情况发生了变化。正如著名的C++专家Herb Sutter所说，“免费午餐结束了”[1]。人们发现了处理器的物理尺寸和处理速度(处理器频率)之间的基本关系。运算执行时间取决于电路长度和光速。简而言之，只能在空间有限的情况下添加有限数量的晶体管，晶体管是计算机电路中的基本构建模块。由于温度的上升也起着重要作用，单纯增加处理器频率无法进一步提高性能。这导致了所谓的“多核危机”(multicore crisis)。

1 Herb Sutter 博客文章“免费午餐结束了”，网址是 http://www.gotw.ca/publications/concurrency-ddj.htm。

受限于物理因素，虽然单个处理器的时钟速度停止进展，但是对系统性能的要求并没有停止。芯片制造商转而以多核处理器的形式进行水平扩展。这迫使软件工程师、架构师和开发者适应具有多核处理器的架构。

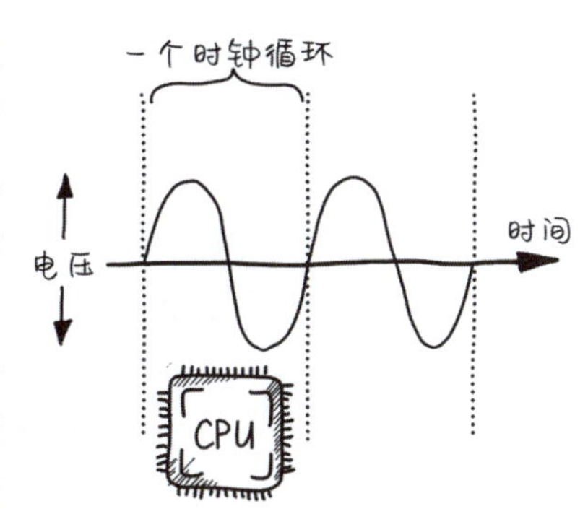

回顾这段历史，我们得出一个重要结论，并发的关键优势在于提高系统性能，这也是人们研究并发的初衷。其次，并发可以高效利用额外的计算资源。这引出了两个重要问题，如何评估性能，以及如何提高性能？

延迟与吞吐量

在计算机领域，有多种方式可以对性能进行量化，这取决于我们如何衡量计算机系统。方法之一是减少单个任务的执行时间，以提高任务完成量。

假设你平时骑摩托车往返家和办公室，单程需要一小时。你很在乎如何尽快到达办公室，因此使用该指标衡量系统性能。如果骑得快，则能够更快到达办公室。从计算系统的角度来看，这个时间称为延迟(latency)。延迟衡量的是单个任务从开始到结束所需的时间。

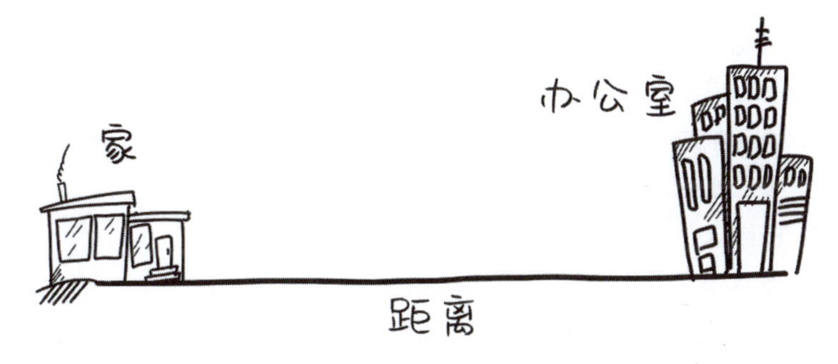

接下来，假设你在交通部门工作，职责是提高公交系统的运力。你不仅要关心如何让一个人更快地到达办公室，而且还要考虑增加单位时间内从家到办公地点的人数。这称为吞吐量(throughput)，即系统在一段时间内可以处理的任务数量。

理解延迟和吞吐量之间的区别非常重要。即使摩托车的速度比公交车快两倍，公交车的吞吐量也比摩托车高25倍(摩托车每小时将1个人运送到某个位置，而公交车每2小时将50个人运送到同样位置。按时间平均，即每小时运送25人！)。换句话说，更高的系统吞吐量不一定意味着较低的延迟。在优化性能时，对某一因素(如吞吐量)的改进可能会导致另一因素(如延迟)的恶化。

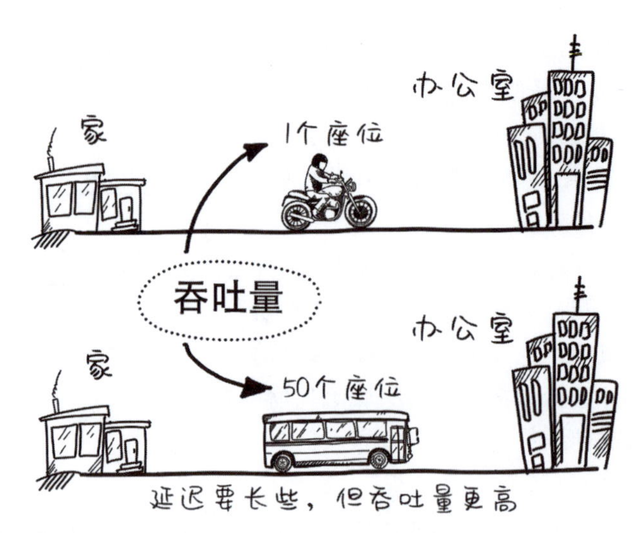

并发能够降低延迟。例如，可以将一个长期运行的任务分解为多个并行执行的小任务，从而降低整体执行时间。并发还可以通过同时处理多个任务来增加吞吐量。

此外，并发还能够隐藏延迟。当我们在等待电话、搭乘地铁上班或进行其他活动时，除了等待，也可以利用这段时间处理其他事情。例如，乘坐地铁时可以阅读电子邮件，这样就能同时完成多项任务，通过高效利用等待时间来隐藏延迟。隐藏延迟对于响应式系统至关重要，也适用于其他涉及等待的问题。

因此，并发可以通过以下三种主要方式提高系统性能：

- 降低延迟(即让一项工作更快完成)。
- 隐藏延迟(即让系统在高延迟操作期间完成其他任务)。
- 增加吞吐量(即让系统完成更多工作)。

了解了并发提高系统性能的途径后，我们再介绍并发的另一项应用。本章开头试图对周围复杂的世界进行建模，发现世界是并发运行的。接下来，我们将更具体地介绍并发如何解决大型或复杂的计算问题。

1.1.2 处理复杂和大型任务

在开发与现实世界交互的系统时，软件工程师需要解决许多非常复杂的问题，而使用顺序系统来解决这些问题是不切实际的。这些复杂性可能来自问题的规模或系统中的某个高难度的组件。

可扩展性

问题的规模涉及系统的可扩展性，即系统通过增加资源提高性能的特性。增加系统可扩展性的方式主要分为两种类型，分别是垂直和水平。

垂直扩展(也称为向上扩展)是通过增加内存量来升级现有处理资源，或使用更强大的处理器替换旧处理器，从而提高系统性能。在这种情况下，可扩展性是有限的，因为提升单个处理器的速度存在难度，因此很容易达到性能上限。此外，升级到更强大的处理资源成本昂贵(例如，购买超级计算机)，用户要为顶级云实例或硬件支付更高的价格，但获得的性能提升却不总是与成本成正比。

减少特定任务的处理时间能提升一定性能，但最终还是需要对系统进行扩展。水平扩展(也称为横向扩展)通过在现有和新的处理资源之间分配负载来提高程序或系统性能。只要可以增加处理资源，我们就能持续提高系统性能。在这种情况下，可扩展性的瓶颈不会像垂直扩展那样立即出现。

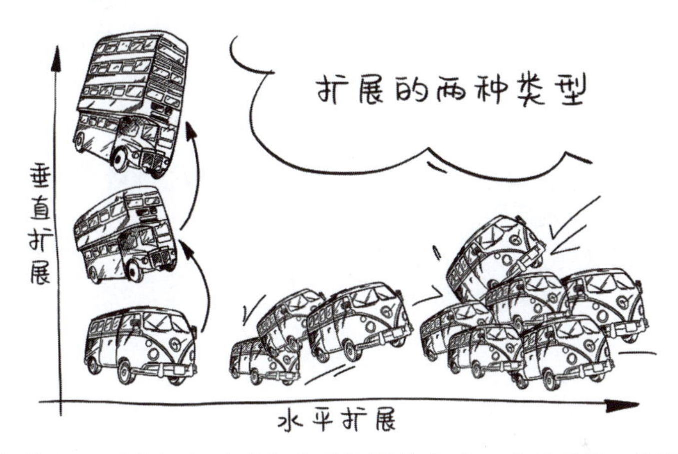

因此，软件行业通常倾向于采取水平扩展的方式。实时系统、海量数据、提高冗余度以提升可靠性、迁移到云端/SaaS环境以提升资源利率等诸如此类的需求，促使软件行业不得不进行水平扩展。

水平扩展涉及系统并发，单台计算机很难满足这些需求。而多台相互连接的机器，即计算集群(computing cluster)，可以在合理时间内完成数据处理任务。

解耦

大型问题的另一特点是其复杂性。然而，如果开发者不持续进行改进，则系统的复杂性不会降低。公司希望产品更强大且功能更完善，但这不可避免地会增加代码库、基础设施和运维工作的复杂性。开发者必须设计和实施不同的架构方法，以简化系统并将其分解为更简单的独立通信单元。

软件工程中的职责分离非常重要。作为基本的工程原则，分治(divide and conquer)可以创建松散耦合的系统。理论上，将相关代码(紧密耦合组件)分组，并分离不相关代码(松散耦合组件)，可以使应用程序更易于理解和测试，并减少错误数量。

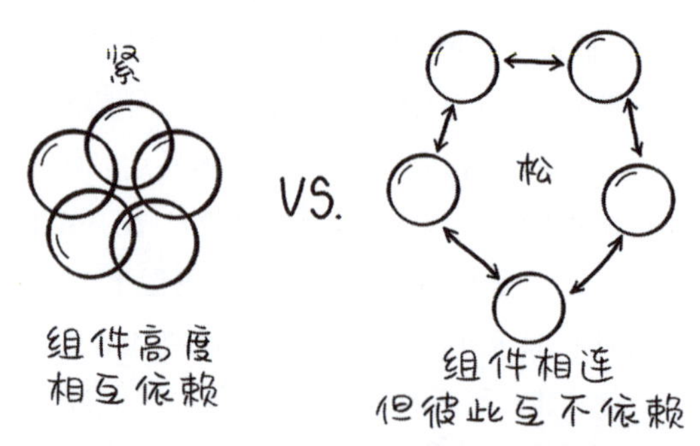

从另一个角度看待并发，其本质上是一种解耦策略。对并发模块或单元进行功能分解，有助于单个组件专注于特定功能，更易于维护，同时降低整体系统的复杂性。软件工程师通过选择恰当的方式进行解耦，极大地提高了应用程序的性能、可扩展性、可靠性和内部结构。

并发在现代计算系统、操作系统(OS)和大型分布式集群中非常重要且应用广泛。并发有助于模拟真实世界，还能大幅提升系统的用户体验和开发效率，使开发者能够解决大型且复杂的问题。

探索并发编程将改变你对计算系统组成及运行的思考方式。本书将通过抽丝剥茧的方式讲解并发的各个层级。

1.2 并发的层级

和大多数复杂的设计问题一样，并发包含多个层级。需要特别注意的是，在分层架构中，彼此对立或互斥的概念可能共存于不同的层级。例如，在顺序型机器上可以执行并发运算。

我倾向于将并发的层级架构想象成一个交响乐团，演奏曲目可能出自柴可夫斯基或其他音乐家。

- 顶层是概念层或设计层(应用层)。可以将其视为交响乐团中作曲家的作品；在计算机系统中，算法如同音乐符号，指导系统组件应执行的操作。

- 其次，是运行时中的多个任务(运行时系统层)。这如同音乐家们用不同的乐器合作演奏作品的不同部分。在指挥家的指挥下，音乐演奏从一个小组转移到另一个小组。类似于计算机系统中，不同进程各司其职，以实现整体目标。

- 最后，是底层执行(硬件层)。我们仔细观察特定的乐器，如小提琴。每名小提琴手演奏的音符由一到四根在特定频率振荡的弦产生，其频率由弦的长度、直径、张力和密度决定。在计算机系统中，单个进程根据其专属指令执行任务。

每个层级描述的都是同一过程，但细节不同，有时还存在矛盾。

同样，在并发中也是如此。

- 在硬件层，我们直接面对机器指令，这些指令由处理资源执行，并使用信号访问硬件外设。由于现代架构的复杂性不断提升，优化这些架构上的应用程序性能需要深入了解应用程序与硬件组件之间的交互。
- 在运行时系统层，系统调用、设备驱动程序和调度算法掩盖了与编程抽象相关的诸多不足，这些过程显著影响并发系统，因此需要深入了解。这一层通常由操作系统负责，将在第3章对其进行介绍。
- 在应用层，对更符合物理世界的运行方式进行抽象。软件工程师通过编写源代码，可以实现复杂的算法和业务逻辑。代码还可以利用编程语言特性修改执行流程，并表示通常只有软件工程师才能想到的抽象概念。

请牢记这些广泛使用的层级，在学习并发编程的过程中，我们会不断提到它们。

1.3 本书内容

众所周知，掌握并发编程是一项挑战。并发的复杂性源于即使是有经验的开发者往往也难以用文字清晰地阐释其原理，口头表达也同样难。本书将通过简单易懂的方式详细讲解并发的相关知识。

本书不涉及并发编程的所有细节，而是致力于帮助读者入门并掌握核心学习内容。本书探讨了并发编程中涉及的问题，并介绍创建并发和可扩展应用的最佳途径。

初级和中级程序员将通过本书掌握编写并发系统的基本知识。为了充分利用本书，读者应该具备一定的编程经验，但不需要是专家。本书通过具体示例解释了关键概念，并使用Python编程语言演示操作。

本书分为三篇，分别涵盖了不同水平的并发。第一篇讨论并发编程的基本概念和术语，覆盖从硬件层到应用层的知识。

第二篇专注于设计并发程序和流行的并发模式。本篇还介绍了如何在构建并发系统时避免常见的并发问题。

第三篇将从单台机器扩展到通过网络连接的多台机器，并在集群上运行应用程序。本篇探讨了任务之间异步通信的重要性。此外，还分步介绍了如何编写并发应用程序。

完成本书的学习后，读者将掌握有关并发编程和最新的异步、并发编程方法。本书通过由浅入深的教学方式，从底层硬件操作开始学习，直到掌握更高层次的应用程序设计，并将理论转化为实践。

本书中的所有代码都是使用Python 3.9编程语言编写的，并已在macOS和Linux操作系统上进行了测试。本书的讲解不依赖任何特定的编程语言，只是引用了Linux内核子系统。所有示例的源代码都可以通过GitHub仓库(https://github.com/luminousmen/grokking_concurrency)下载，也可以通过扫描本书封底的二维码下载。

1.4 本章小结

- 并发系统能够同时处理多个任务。
- 在现实世界中，任何给定时间都会同时发生许多事件。模拟现实世界的过程需要借助并发编程。
- 通过降低或隐藏延迟，并发极大地提高了系统的吞吐量和性能，同时更高效地利用现有资源。

- 本书通篇使用了可扩展性和解耦这两个概念。
  - 可扩展性可以是垂直的或水平的。垂直扩展通过升级现有处理能力来提高程序和系统的性能。水平扩展通过在现有和新的处理资源之间分配负载来提高性能。行业内的转型趋势是采用水平扩展的方式进行架构升级，而并发编程是水平扩展的先决条件。
  - 复杂的问题可以分解为简单的组件，并将其相互链接。在某种程度上，并发也是一种解耦策略，可以协助解决大型和复杂的问题。
- 在探索未知世界时，地图是不可或缺的工具。在本书中，我们使用并发层级作为导航，即应用层、运行时系统层和硬件层。

第2章 串行执行和并行执行

本章内容：

- 程序在运行过程中涉及的术语
- 在并发的最底层，不同物理任务的执行方法
- 创建第一个并行程序
- 并行计算方法的极限

数千年来[1](虽然并没有这么久，但确实已经有很长时间了)，开发者一直在使用最简单的计算模型——顺序模型来编写程序。串行执行方法是顺序编程的核心，也是我们介绍并发编程的起点。本章将介绍底层执行层中的不同执行方法。

1 译者注，现代意义的编程开发是从20世纪开始的，其实只有数年的时间，这是作者的幽默写法。

2.1 程序概念

并发编程面临的首要问题，实际上也是计算机科学领域中的常见问题，即人们命名事物的能力非常有限。我们有时会使用相同的词汇描述多个不同的概念，或者使用不同的词汇描述同一事物，甚至在不同的语境下使用不同的词汇描述不同的事物。有时，人们甚至会创造新词汇。

注意

CAPTCHA是一个缩写词，其全称是“用于区分计算机和人的完全自动公共图灵测试”(Completely Automated Public Turing test to tell Computers and Humans Apart)。

因此，在研究计算的执行之前，了解被执行的内容以及本书中使用的术语将会非常有用。通常而言，程序是一系列计算机系统执行或运行的指令。

程序必须先编写才能执行。程序是通过使用任一编程语言编写源代码来完成的。源代码就像是烹饪书中的菜谱，它包含一系列步骤，指导厨师利用原材料制作出一顿美味的菜肴。烹饪涉及多个要素，包括菜谱、厨师以及原材料。

执行程序与遵循菜谱类似。我们有程序的源代码(菜谱)、厨师(处理器，即CPU)和原材料(程序的输入数据)。

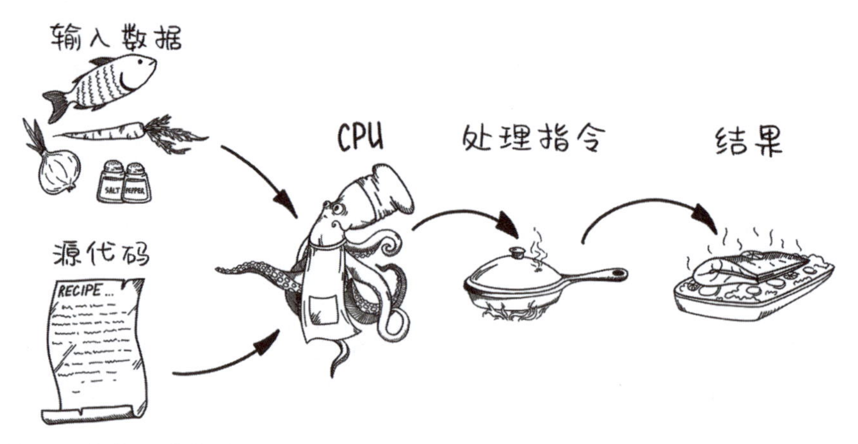

处理器本身无法单独完成任何一项有意义的任务，它无法对事物进行排序或搜索具有特定特征的对象，只能执行有限数量的简单任务。所有的“智慧”能力都是由程序决定的。无论处理能力有多强，如果不指明方向，开发者也无法完成任何任务。将一项任务转换为处理器可执行的步骤是开发者的工作，就像烹饪书的作者编写菜谱。

开发者通常使用编程语言描述想要完成的任务。然而，CPU无法直接理解用常规编程语言编写的源代码。首先，必须将源代码翻译成机器代码，这是CPU能够理解的语言。翻译是由专门的程序(编译器)完成的。编译器生成的文件，通常称为可执行文件(executable)，其中包含CPU可以理解和执行的机器级指令。

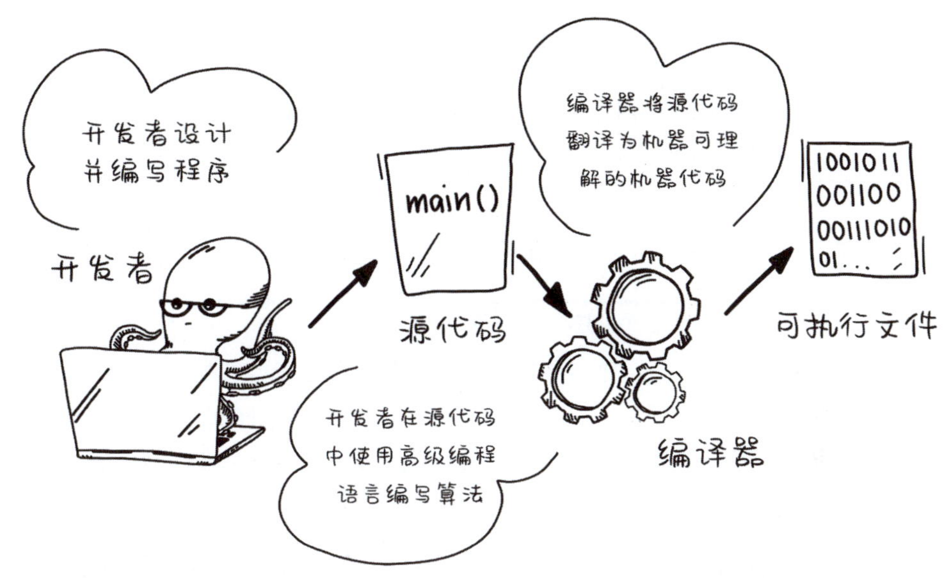

当CPU执行机器代码时，它可以采用几种不同的方法。处理多条指令的最基本方法是串行执行(serial execution)，这是顺序计算的核心。下一节将研究这个问题。

2.2 串行执行

如前所述，程序是一系列指令的列表，通常这些指令的列表顺序很重要。回到菜谱的例子，假设你按照自己最喜欢的菜谱开始烹饪，但却以错误的顺序执行菜谱的步骤。例如，在将鸡蛋与面粉混合之前煎了鸡蛋，这样的结果不会让人满意。对于许多任务而言，步骤的顺序至关重要。

编程也是如此。当解决编程问题时，我们首先将问题分解成一系列子任务，然后依次或串行地执行这些子任务。基于任务的编程使我们能够以与机器无关的方式讨论计算，并为构造模块化程序提供框架。

任务可以视为一项工作。如果是关于CPU执行，则我们可以将任务称为指令(instruction)。任务也可以是一系列操作的序列，它们共同构成了对现实世界模型的抽象，如写入文件、旋转图像或在屏幕上打印消息。任务可以包含单个操作或多个操作(我们将在后面的章节讨论更多关于这方面的内容)，但它是逻辑上独立的工作单元。我们使用任务(task)这一术语作为执行单元的通用抽象。

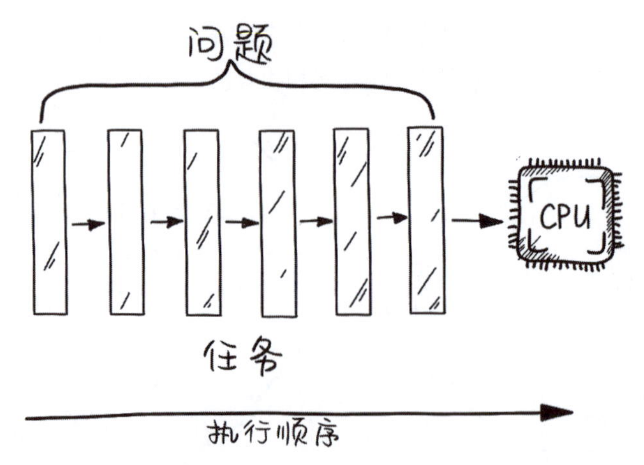

任务的串行执行类似于一个链条，第一个任务完成后紧接着是第二个任务，第二个任务完成后是第三个任务，以此类推，任务之间没有重叠的时间段。假设今天是洗衣日，你有一堆衣服要洗涤。不过，与许多家庭一样，你只有一台洗衣机，而且曾经将最喜欢的白色T恤和彩色T恤一起洗过。真是悲剧！

铭记教训后，你先把白色衣物放进洗衣机里洗涤，然后是黑色衣物，接着是被子，最后是毛巾。任何人完成洗衣的最短时间是由洗衣机的速度和洗衣量决定的。即使有很多衣服要洗涤，我们仍然必须按顺序依次进行。每次执行都会阻塞整个处理资源，如在白衣服洗涤中途就开始洗黑衣服，这种做法是不可取的。

2.3 顺序计算

要描述动态或与时间相关的现象，可以使用“顺序”这一术语。这是程序或系统的一种概念属性，更多体现的是程序或系统的设计及其在源代码中的编写方式，而不是实际执行过程。

假设要实现一个三子棋游戏。游戏规则很简单，有两名玩家，其中一名玩家选择O标记，另一名玩家选择X标记。玩家轮流在棋盘上画出X或O。如果一名玩家在棋盘的横向、纵向或对角线上连续放置三个标记，则该名玩家获胜。如果棋盘已满且没有玩家获胜，则游戏以平局结束。

你能编写出这样的游戏吗？

讨论游戏的逻辑。玩家轮流通过输入行号和列号告诉程序他们想在哪里画标记。当一名玩家行动后，程序检查该名玩家是否取胜或者是否平局，然后切换到另一名玩家的回合。游戏按照这种方式持续进行，直到有一名玩家获胜或者平局。如果玩家获胜，程序会显示获胜玩家的信息，然后用户按任意键退出程序。

下图展示了三子棋游戏的逻辑示意图。

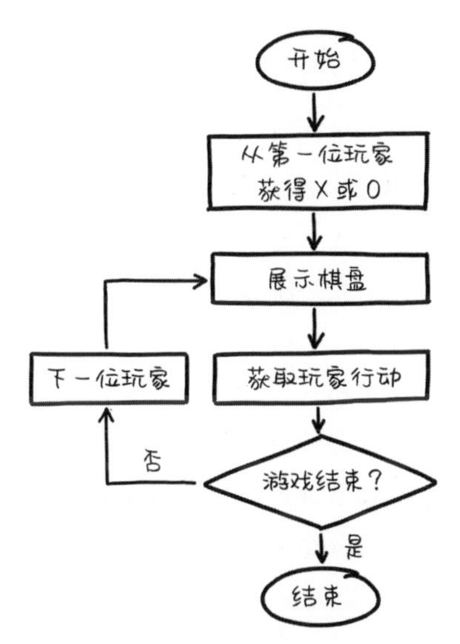

程序使用顺序步骤处理此问题。每个步骤都依赖于前一步骤的结果。因此，每个步骤都会阻塞后续步骤的执行。我们只能使用顺序编程方法来实现此类程序。

如示意图所示，程序的计算模型是由游戏规则即算法决定的。任务之间存在清晰的依赖关系，无法以任何方式进行分解。我们无法预测玩家尚未做出的行动，也不能让玩家连续行动两次，这违反游戏规则，属于作弊。

注意

实际上，依赖于前一步完成的任务并不多见。因此，对于日常工作中面临的绝大多数编程问题，开发者使用并发编程相对容易。我们将在后续章节中讨论这个问题。

需要注意的是，后续步骤必须在前一步骤完成后才能进行。你能想到哪些任务需要串行执行吗？

与顺序编程相对的是并发编程。并发编程的思想是任务可以被拆分为独立的计算单元，并可以按任意串行执行，同时生成相同的结果。

顺序计算的优势与劣势

顺序计算既有优势也有劣势。

简单(优势)

任何程序都可以使用顺序计算这种范式来编写。这种范式逻辑清晰且预测性强，因此最为常见。当进行编程开发时，往往会首先考虑顺序范式。例如，先做饭，然后吃饭，最后洗碗是合理的任务序列；而先吃饭，然后洗碗，最后做饭则毫无逻辑。

顺序计算是一种简单明了的方法，具有明确且逐步的指示，指导开发者在何时执行特定的操作。顺序计算无需检查依赖步骤是否已完成，只有前一个操作执行完成后，下一个操作才会开始执行。

扩展性(劣势)

可扩展性是系统处理日益增长的任务量的能力，或者是提升系统处理任务能力的潜力。如果系统通过添加处理资源来提升性能，则该系统具有可扩展性。在顺序计算中，扩展系统的唯一方法是提升系统资源(如CPU、内存等)的性能。这种方式属于垂直扩展，受限于市场上可用的CPU性能。

开销(劣势)

在顺序计算中，程序执行的不同步骤之间无需进行通信或同步。但是，可用资源的低效利用会导致间接开销，即使程序层面没有问题，开发者也可能无法挖掘系统中所有可用资源，从而导致效率降低和不必要的成本。即使系统只有一个单核处理器，其利用率可能仍然较低。第6章将深入研究其原因。

2.4 并行执行

如果你熟悉园艺，则可能知道种植番茄通常需要四个月的时间。那么考虑一个问题，一年内是否只能种植三株番茄呢？

显然，答案是错的，因为可以同时种植多株番茄。

在串行执行中，只能在同一时刻执行一条指令。大多数人首先学习的是顺序编程，并且大多数程序使用顺序编程编写，即从主函数的main函数开始执行，按顺序依次执行任务/函数、调用/操作。

当否定同时只能做一件工作的假设时，我们便开启了并行计算的大门，就像同时种植多株番茄一样。不过，并行执行的程序通常更难编写。我们来看一个简单的类比。

如何快速洗衣服

恭喜！你刚刚赢得了彩票大奖，奖品是免费的夏威夷机票。但在飞机起飞前，你面临一个挑战，必须在几个小时内洗好四篮衣服。然而，无论洗衣机效率多高，都无法同时洗多篮衣服，并且你也不想将衣服混合起来洗。

编程和洗衣服相似，顺序程序运行所需的时间受限于处理器的速度和处理器执行指令序列的速度。由于每篮衣服独立于其他衣服，因此如果拥有多台洗衣机，就可以通过并行处理更快地完成任务。

因此，你决定去最近的洗衣店。洗衣店里有多台洗衣机，因此可以同时使用四台独立的洗衣机分别洗涤四篮衣服。这种情况下，可以说所有洗衣机都是在并行工作，即同一时间清洗多篮衣物。因此，吞吐量提高为原先的四倍。

还记得在第1章中讨论的水平扩展吗？这里使用的就是这种方法。

并行执行意味着任务执行是在物理上同时进行。并行执行是相对于串行执行而言的。可以通过并行执行支持的任务数量来衡量并行性。因为使用了四台洗衣机，所以并行性等于4。

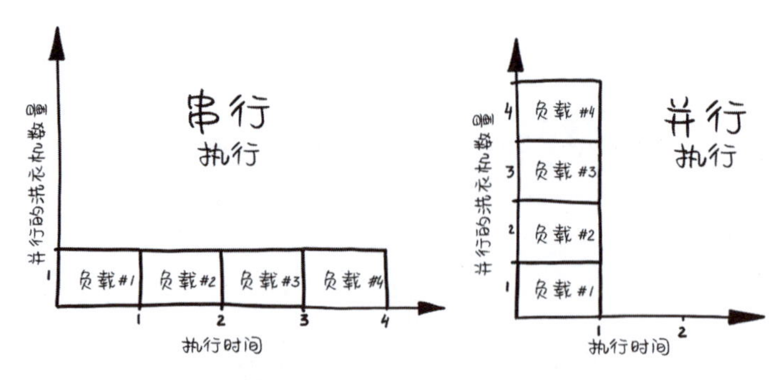

现在，我们了解了什么是并行执行，接下来讨论实现并行执行需要什么条件。

2.5 并行计算的要求

在深入研究并行执行前，我们首先讨论实现并行所需的条件，即任务独立和硬件支持。

2.5.1 任务独立

在顺序计算中，所有操作都是通过增加CPU时钟速度来进行加速的。这是降低延迟最简单的解决方案。这种方案不需要任何特殊的程序设计，所需要的只是更强大的处理器。并行计算则主要通过将问题分解为可并发且彼此独立执行的任务，以降低延迟。

注意

大型程序通常由众多小程序组成。例如，网络服务器处理来自网络浏览器的请求，并用HTML页面进行响应。服务器像小程序一样处理每个请求，最理想的情况是服务器支持同时处理多个网络请求。

运用并行计算时，需要对具体问题进行具体分析。如果要将并行计算应用于某个任务，该任务必须可以分解为一组独立任务，以便每个处理资源可以同时处理算法的不同部分。这里的独立是指只要结果相同，处理资源可以按任意顺序和任意位置处理任务。如果任务不符合该分解要求，则无法并行处理任务。

判断程序是否可以并行执行的关键在于分析哪些任务可以分解，以及哪些任务可以独立执行。第7章将详细讨论如何进行任务分解。

注意

并行执行和串行执行之间的逻辑关系是单向的，也就是说支持并行执行的程序总能转换为顺序程序，但顺序程序不一定能转换为并行程序。

任务并不总是独立的，因为并非每个程序或算法都可以从头到尾被分解为独立的任务。有些任务是独立的，有些则不是。如果某些任务依赖于先前执行的任务，则这些任务不被视为独立任务。开发者必须对依赖程序的不同片段进行同步，以获取正确的结果。同步意味着等待依赖项执行的任务会被阻塞。在三子棋示例中，玩家的落子就阻塞了程序的执行。通过同步协调相互依赖的并行计算，会严重限制程序的并行性。与简单的顺序程序相比，阻塞和同步对编写并行程序造成了严峻的挑战(第8章将进行详细讨论)。

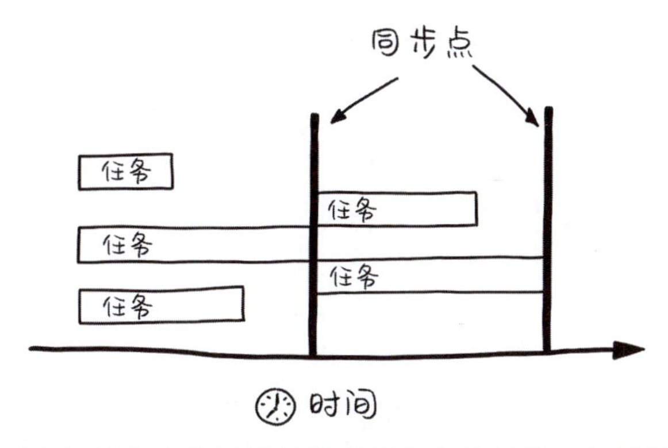

但是，投入更多的精力来编写并行程序是完全值得的。如果程序无误，并行执行可以提高程序的整体吞吐量。将大型任务分解为小任务后，能更快地完成，或在给定的时间内完成更多任务。

那些需要很少的同步或不需要同步的任务有时称为“尴尬的并行任务”。这些任务可以很轻易地分解为独立任务，然后并行执行。这类任务通常属于科学计算。例如，可以将子集分配给多个处理资源，以分配寻找素数的任务。

注意

处理“尴尬的并行任务”并不让人难为情！相反，因为编程相对简单，所以处理此类并行程序相对放松。近年来，“尴尬的并行”一词被赋予了其他含义。尴尬的并行算法往往具有少量的进程间通信，这是获得良好性能的关键，因此“尴尬的并行”通常是指具有低通信需求的算法。第5章会对此进行简要介绍。

因此，并行程度更多取决于问题本身，而不是试图解决问题的开发者。

2.5.2 硬件支持

并行计算需要硬件支持，并且需要硬件具备多个处理资源。如果处理资源少于两个，则无法实现真正的并行。下一章将讨论硬件以及硬件如何支持多个并发操作。满足所有并行计算的条件后，接下来我们将探讨并行计算的实质。

2.6 并行计算

并行计算利用分解技术将大型或复杂问题分解成小任务，然后利用运行时系统的并行执行高效地处理这些小任务。以下示例将演示并行化的强大功能。

假设你在FBI的IT部门工作，在下一个任务中，你必须编写程序以破解密码(特定长度的数字组合)，并访问一个可以摧毁整个世界的系统。

寻找正确密码的常用方法是反复猜测密码(也称为暴力破解法)，计算其混淆形式(加密哈希)，并将得到的加密哈希与系统上存储的哈希值进行比较。假设你已经有了密码的加密哈希。

接下来，该如何实现程序呢？

暴力破解被视为一种解决密码问题的通用方法，需要列出所有可能的组合，进行遍历，并检查每个特定的解是否能解决问题。因此，你需要遍历所有可能的数字组合列表，并检查每个加密哈希是否与系统哈希值相匹配。

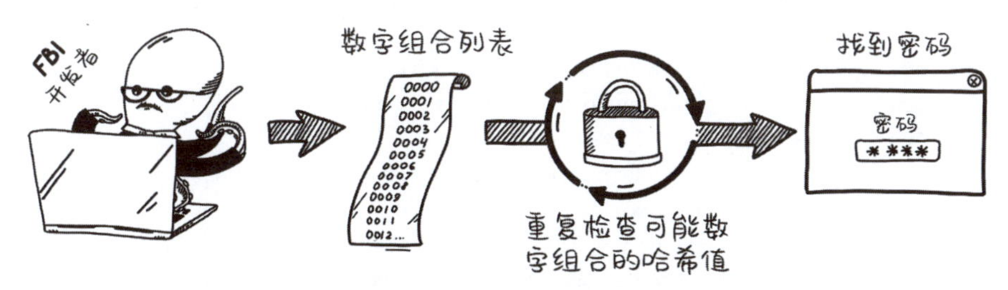

经过几个昼夜的努力，你终于想出了如何检查加密哈希且遍历所有可能的数字组合，并使用自己喜欢的编程语言编写程序。该算法会生成数字组合，并检查加密哈希。如果匹配，则打印出找到的密码，程序随之结束；如果不匹配，则转到下一个组合并重复这个循环。

最简单的方法是使用顺序计算一次性处理所有可能的密码组合。CPU每次处理一个任务，然后再获取下一个任务并按顺序执行，直到完成所有任务。使用串行执行解决问题的步骤如前一幅图所示，代码如下所示：

```
# Chapter 2/password_cracking_sequential.py
import time
import math
import hashlib
import typing as T

def get_combinations(*, length: int, min_number: int = 0) -> T.List[str]:
    combinations = []
    max_number = int(math.pow(10, length) - 1)
    for i in range(min_number, max_number + 1):
        str_num = str(i)
        zeros = "0" * (length - len(str_num))
        combinations.append("".join((zeros, str_num)))
    return combinations
```

在给定范围内，生成固定位数的密码组合列表

```
def get_crypto_hash(password: str) -> str:
    return hashlib.sha256(password.encode()).hexdigest()


def check_password(expected_crypto_hash: str,
                   possible_password: str) -> bool:
    actual_crypto_hash = get_crypto_hash(possible_password)
    return expected_crypto_hash == actual_crypto_hash
```

比较可能的密码的加密哈希和存储于系统的密码的加密哈希

```
def crack_password(crypto_hash: str, length: int) -> None:
    print("Processing number combinations sequentially")
    start_time = time.perf_counter()
    combinations = get_combinations(length=length)
    for combination in combinations:
        if check_password(crypto_hash, combination):
            print(f"PASSWORD CRACKED: {combination}")
            break
```

依次生成并测试所有固定位数的可能密码，一旦匹配成功，则立即停止

```
    process_time = time.perf_counter() - start_time
    print(f"PROCESS TIME: {process_time}")

if __name__ == "__main__":
    crypto_hash = \
      "e24df920078c3dd4e7e8d2442f00e5c9ab2a231bb3918d65cc50906e49ecaef4"
    length = 8
    crack_password(crypto_hash, length)
```

输出结果如下所示：

```
Processing number combinations sequentially
PASSWORD CRACKED: 87654321
PROCESS TIME: 64.60886170799999
```

问题迎刃而解，你充满自信地将程序交给执行任务的特工。008特工向你点头致意，随即饮尽了一杯伏特加马提尼。

我们都知道特工从不信任任何人。还不到一个小时，008特工便闯入你的办公室，告诉你程序运行太慢。根据他们的计算，在超级设备上处理所有可能的密码组合需要一小时！“我只有几分钟时间，这栋大楼就要片瓦无存了！”008特工害怕地说，又饮尽了一杯伏特加马提尼。他离开房间时扔下一道命令：“给程序提速！”

如何才能让程序跑得更快呢?

最明显的方法是提高CPU的性能。通过提高超级设备的时钟频率，可以在相同时间内处理更多的密码。不过，这种方法存在局限性，因为CPU速度有物理上限。而且，FBI拥有的处理器已经是最快的了，很难再提高CPU性能。这是顺序计算的最大缺点，即使计算机系统拥有多个处理资源，也很难进行扩展。

另一种加快程序执行速度的方法是将程序分解为独立的部分，并将子任务分配给多个处理资源以便同时处理。拥有的处理资源越多，任务越小，处理速度就越快。这是并行计算的核心思想，我们将在第8章和第12章深入研究。

那么，使用并行执行可以解决密码问题吗?超级设备使用了一颗高级CPU，具有许多内核。因此，已经满足了硬件条件，可以并行执行任务。

然后，是否可以将问题分解为独立的子任务呢?将检查单个密码组合作为不依赖于其他任务的子任务，检查某个特定密码前不需要检查之前所有的密码。处理密码的顺序不重要，关键在于找到正确的密码，因此可以完全独立执行，不存在依赖关系。

由于存在硬件支持和子任务独立性，所以已经满足了并行计算的所有要求。接下来，我们着手设计最终解决方案。

对于此类问题的第一步是将问题分解为单独的任务。正如我们所观察到的，检查单个密码可以作为独立的子任务，这些子任务可以并行执行。因为彼此不存在依赖关系，所以无需同步。因此，这是一个相对简单的并行问题。

如下图所示，解决方案被分成了若干步骤。第一步是为每个处理资源创建要检查的密码范围(数据块)。然后，将数据块分配给可用的处理资源。从而为每个处理资源分配了一组密码范围。下一步是实际执行。

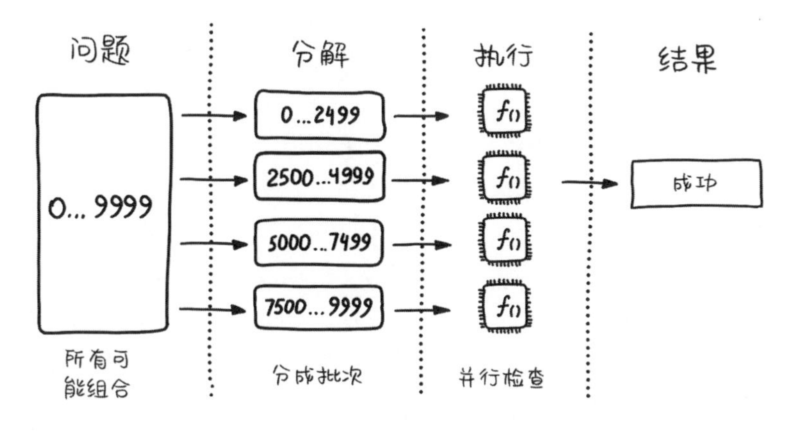

代码如下所示：

将大型整数范围分解为小数据块，每个数据块包含大致相同数量的密码，以使用多核处理器并行处理

```
ChunkRange = T.Tuple[int, int]

def get_chunks(num_ranges: int,
               length: int) -> T.Iterator[ChunkRange]:
    max_number = int(math.pow(10, length) - 1)
    chunk_starts = [int(max_number / num_ranges * i)
                    for i in range(num_ranges)]
    chunk_ends = [start_point - 1
                  for start_point in
                  chunk_starts[1:]] + [max_number]
    return zip(chunk_starts, chunk_ends)


def crack_password_parallel(crypto_hash: str, length: int) -> None:
    num_cores = cpu_count()
    chunks = get_chunks(num_cores, length)
```

获取处理器数量

```
#并行运行
# for chunk_start, chunk_end in chunks:
#     crack_chunk(crypto_hash, length, chunk_start, chunk_end)}
```

使用独立进程并发处理各分块的伪代码

我们添加了一个新函数，即crack_password_parallel，它在多个内核上并行执行crack_password函数。尽管在不同编程语言中，crack_password函数的形式可能不同，但其作用是一样的，即创建一组并行单元，将密码范围分配给并行单元以实现并行执行。这通常需要使用伪代码(一种用模拟实际代码的格式化语言编写、人类可读的程序逻辑表示)，我们将在第4章和第5章中进一步讨论具体代码。

注意

即使使用伪代码，所提供的示例也极具实战价值。例如，MATLAB语言具有parfor结构体，使得并行执行for循环变得非常简单。Python有joblib包，使用Parallel类可以轻松实现并行。R语言具有相同功能的Parallel库。标准Scala库具有并行集合，可简化并行编程，用户不必了解底层并行细节。

由于使用了并行计算，008特工再次在紧要关头拯救了世界。然而，我们大多数人没有FBI的资源。并行执行存在限制和成本，我们将其应用到问题处理之前需要认真考虑这些因素。下一节将讨论这些问题。

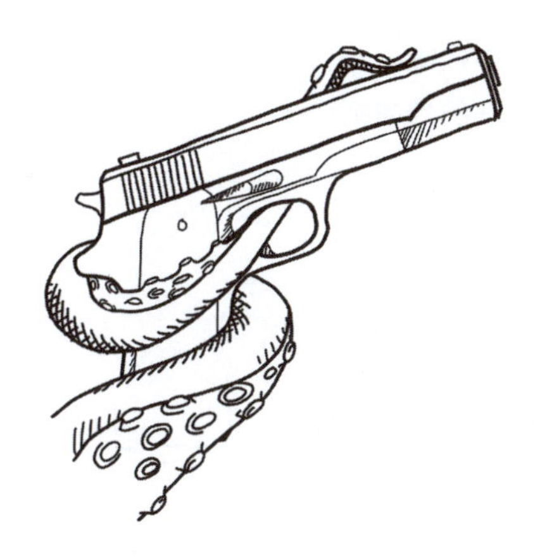

2.7 阿姆达尔定律

一位母亲需要九个月才能生下孩子。然而，即使九位母亲通力合作，可能在一个月内生下孩子吗？

人们可能会认为，通过无限增加处理器的数量，可以加速系统的运行。但遗憾的是，这种做法并不可行。Gene Amdahl发现的阿姆达尔定律清晰地展示了这一点。

到目前为止，我们分析了并行算法的执行。尽管并行算法可能包含串行执行的部分，但是大体可分为完全并行的部分和完全顺序的多个部分。顺序部分可能只是尚未并行化的步骤，或者如之前看到的那样不支持并行。

假设你有一大堆上面写着定义的索引卡片。你想找到有关并发的卡片，并将它们放到单独的堆中。但是，卡片杂乱无章地堆放在一起。幸好，你身边有两位朋友，可以将卡片分成两堆，每个人负责一堆，并告诉他们要寻找的目标。然后每个人可以在自己的卡堆中进行翻找。一旦有人找到了并发卡片，就可以宣布其发现，并将其放入一个单独的堆中。

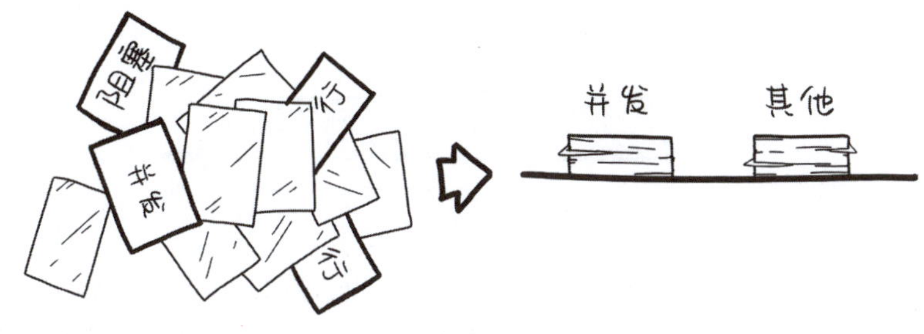

算法可以分为如下三个步骤。

(1) 将大堆分成小堆，每个人负责一堆(串行)。

(2) 每个人在各自的堆中翻找“并发”卡片(并行)。

(3) 将并发卡片放到单独的堆中(串行)。

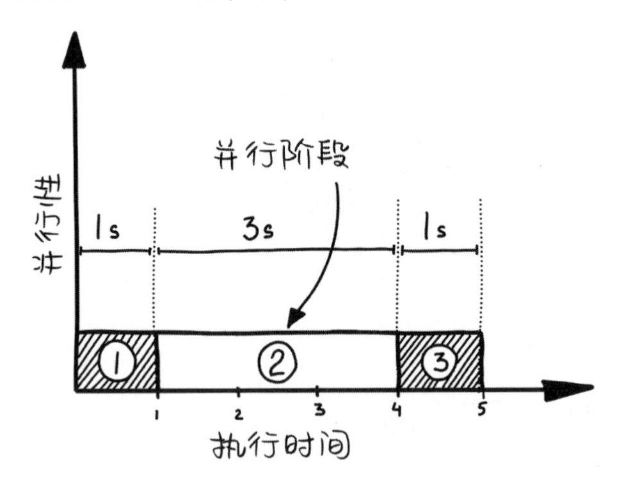

该算法的第(1)和第(3)步各需要1s，第(2)步需要3s。因此，如果由你自己单独完成，执行整个算法需要5s。第(1)和第(3)步在算法上属于串行，无法将其分解成独立的任务并使用并行执行。但是可以很容易地在第(2)步中使用并行执行，方法是将卡片分成任意数量的小堆，并让足够多的朋友分别执行这一步。通过借助两位朋友的帮助，可将该部分的执行时间缩短至1s。如此，整个程序现在仅需3s，提速40%。加速比例是通过拥有一定处理资源的并行执行时间与拥有单一处理资源的最优串行执行时间的比值来计算的。

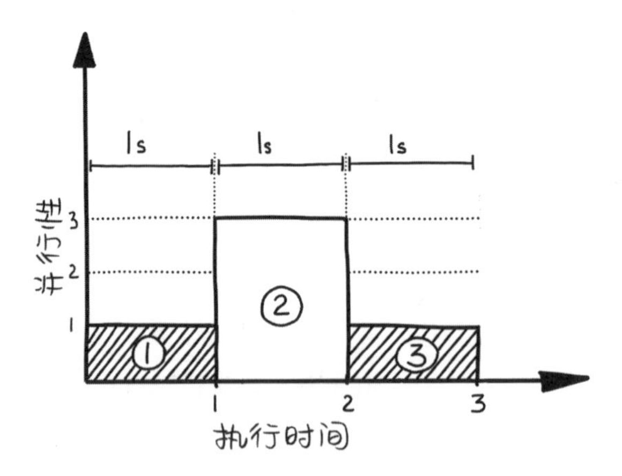

如果继续增加朋友的数量会发生什么呢？例如，再加入三位朋友，一共有六个人。执行程序的第二步只需半秒。则整个算法的执行时间可缩短至2.5s，加速比例为50%。

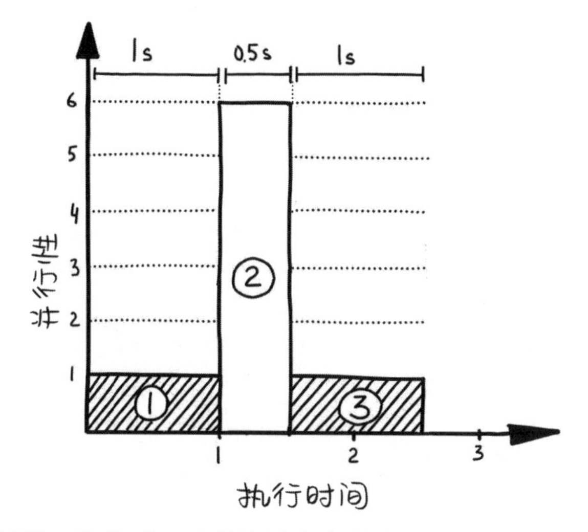

按照同样的逻辑，你甚至可以邀请城市中所有人，以立即完成算法的并行部分(但理论上，存在通信成本开销，这将在第6章中讨论)。最终，你仍然有至少2 s的延迟，也就是算法的串行部分。

并行程序的速度取决于其最慢的顺序部分。这一现象在你去购物中心时可以观察到。数百个人可以同时购物，很少相互干扰。但到了付款时，人们会排队等候，因为收银员的数量比准备离开的顾客少。

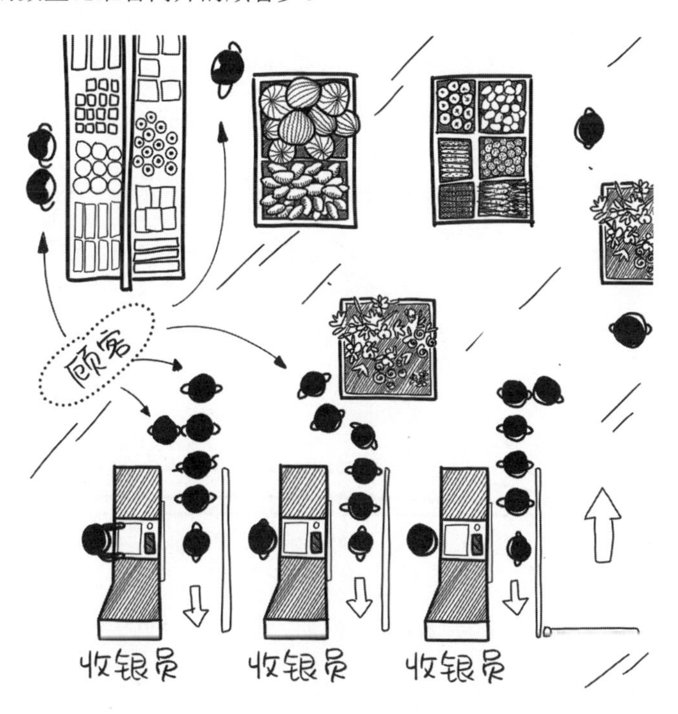

编程也是如此。由于无法加速程序的顺序部分，增加资源数量不会影响顺序部分的执行。这是理解阿姆达尔定律的关键。程序使用并行计算的极限速度受到程序顺序部分的限制。该定律描述了在假设使用并行计算的情况下，向系统添加资源可以期望获得的最大加速。例如，阿姆达尔定律预测，如果一段程序的三分之二是顺序的，则无论有多少处理器，加速倍数永远不会超过1.5倍。

更正式地，阿姆达尔定律可使用以下公式表示。

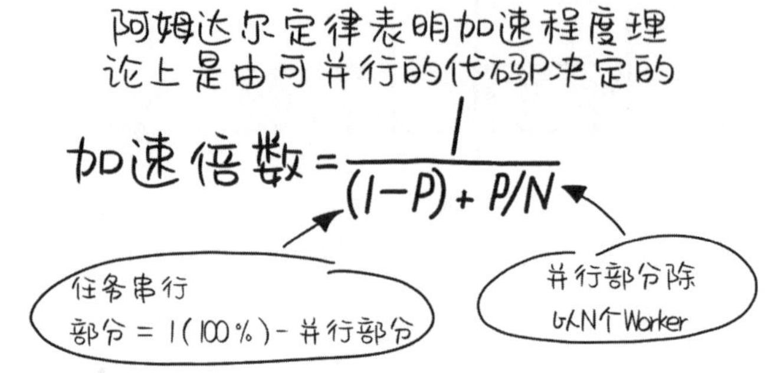

公式看起来很简单，我们填入值进行分析。例如，如果程序的33%是顺序的，那么添加100万个处理器最多可提供三倍的加速。我们无法对程序的三分之一的顺序部分进行加速，因此即使其余部分的程序能够瞬间运行完毕，性能收益也不会超过300%。虽然添加若干处理器通常可以提供显著的加速，但随着处理器数量的增加，优势很快就会消失。在不考虑算法或通信开销的情况下，对于不同比例的可并行代码，处理器数量与加速倍数之间的关系如下图所示。

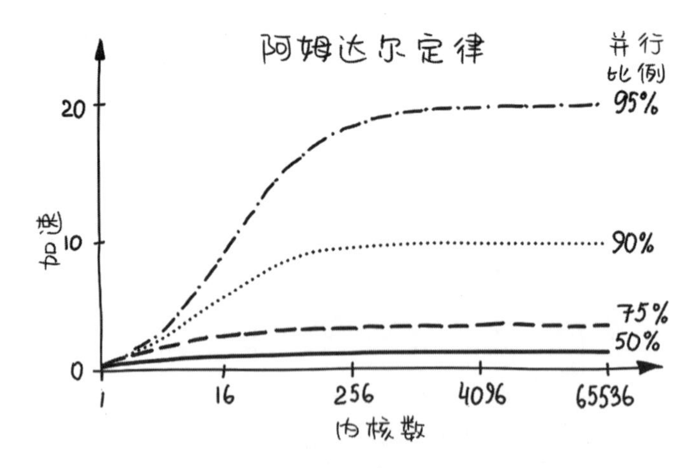

我们也可以反向思考这个数学问题。例如，如果有2500个处理器，为了达到100倍加速，程序必须以何种程度进行并行化呢？将值代入阿姆达尔定律，得到$100 \leqslant 1/(S + (1 - S)/2500)$。通过计算$S$，可以得到程序中的串行部分要少于1%。

总之，阿姆达尔定律说明了只有在程序高度并行化时，使用多个处理器进行并行计算才真正有用。即使可以编写并行程序，也不一定总是值得执行，因为并行化带来的成本和开销有时会超过其收益。阿姆达尔定律是评估并行化程序收益的实用工具，可帮助判断是否值得进行并行化。

2.8 古斯塔夫森定律

并行化确实为程序性能关键环节实现了真正的加速，但无法加速程序的所有部分，除非程序属于并行问题。对于其他任务，性能收益则存在优化极限。

但是，我们也可以从不同的角度思考阿姆达尔定律。如果我们将可并行化部分所做的工作量加倍，从原先的3个任务变为6个，示例程序仍然只运行5s。因此，同时完成的任务数是6，程序仍然在5s内运行，总共完成8个任务。相比于两个处理器，任务完成量是原先的1.6倍。如果再添加几个处理器，每个处理器都完成相同的工作量，则可以在5s内完成11个任务。这样一来，完成的任务量增长为原先的2.6倍。

根据阿姆达尔定律，假定在工作量保持不变的前提下，加速率反映了并行程序执行时间的减少程度。然而，加速率也可以看作在恒定时间段内执行任务的增加量(吞吐量)。古斯塔夫森定律正是源自这一假设。

古斯塔夫森定律为并行限制提供了更乐观的视角。如果我们不断增加工作量，则顺序部分的影响将越来越小，拥有的处理器数量越多，则加速率也会成比例地增加。

因此，当有人引用阿姆达尔定律来说明并行无法解决问题时，你可以转而运用古斯塔夫森定律提出解决方法。这就是超级计算机和分布式系统在并行方面取得成功的关键，因为我们可以不断增加数据的规模。

现在，我们已经了解了并行计算，接下来将探讨并行与并发的关系。

2.9 并发与并行

“并行”与“并发”这两个词的字面含义十分相似，非常容易造成混淆，甚至在计算机论文中也可能被误用。区分并行编程和并发编程至关重要，因为它们基于不同的概念层面，追求不同的目标。

并发是指多个任务在重叠的时间段内启动、运行和完成，而不是按照特定顺序。并行是指多个任务在具有多个计算资源的硬件上同时运行，如多核处理器。二者并不相同。

设想一名厨师在切沙拉期间要不时地搅拌炖锅里的汤这一场景。厨师必须停下切菜的动作，检查炖锅，再继续切菜，并重复这一过程，直到所有工作完成。

正如你所看到的，这里只有一个处理资源，即厨师，而并发主要与流程有关。如果不使用并发，厨师必须等到炖锅里的汤准备好后才能开始切菜。

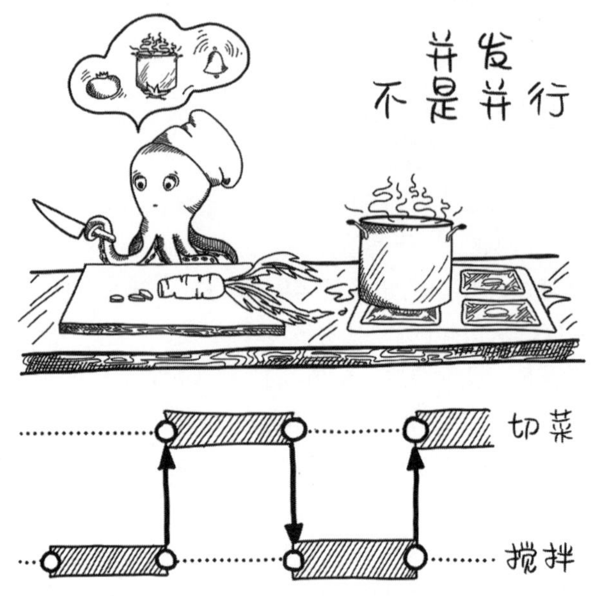

并行性是一种实现属性，特指在运行时多个任务同时物理执行，需要具有多个计算资源的硬件。并行位于硬件层面。

回到厨房的比喻，假如现在有两名厨师，一名负责搅拌，一名负责切沙拉。我们通过增加另一个处理资源，即另一名厨师，从而分配工作。并行是并发的子类，在同时处理多项任务之前，我们必须首先能够管理多项任务。

并发和并行关系的本质在于，并发在不影响结果的条件下能转换为并行，但并发本身并不意味着并行。此外，并行不一定是并发。通常情况下，优化器可以使用管道处理、宽向量操作、单指令流多数据流(Single Instruction Multiple Data，SIMD)操作和分治等技术，将没有语义并发的程序分解为并行组件。本书将在后续章节介绍其中相关方法。

正如Unix和Go编程先驱Rob Pike指出的，“并发是同时处理很多事情，并行是同时做很多事情”。[1]程序的并发依赖于编程语言及其编程方式，而并行则依赖于实际执行环境。在单核CPU中，我们能够获得并发，但不能获得并行。但是，两者都超越了传统的顺序模型，顺序模型同时只能做一件事。

为了更好地区分并发和并行，可以考虑以下几点。

- 程序可以是并发的，但不是并行的。程序在给定时间段内处理多个任务(即使同一时刻没有在执行两个任务，也视为同时处理多个任务，参见第6章)。
- 程序可以是并行的，但不是并发的，这意味着程序可以同时处理单个任务的多个子任务。
- 程序可以既不是并行的，也不是并发的，这意味着程序仅能按顺序处理单个任务，而任务永远不会被分解为子任务。
- 程序可以既是并行的，又是并发的，这意味着程序可以在同一时刻并发处理多个任务或单个任务的子任务(并行执行它们)。

假设有一段将值插入哈希表的程序。从将插入操作分配到多个内核的角度来看，这是并行的。但从协调对哈希表访问的角度来看，这是并发的。如果仍然不理解后者，下一章将详细解释这一概念。

并发涵盖了各种主题，包括进程之间的相互作用、共享和竞争资源(如内存、文件和I/O访问)、多个进程之间的同步以及在进程之间分配处理器时间。这些问题不仅出现在多处理器和分布式处理环境中，也出现在单处理器系统中。在下一章中，我们将从了解程序运行的环境开始，包括计算机硬件和运行时系统。

2.10 本章小结

- 问题一旦转换为程序，就能被分解为一系列任务。最简单的方式是按顺序执行。
- 任务可以是逻辑上独立的工作单元。

1 Rob Pike 在 Heroku 的 Waza 会议上发表了题为“并发不是并行”的演讲，网址是 https://go.dev/blog/waza-talk。

- 顺序计算意味着程序中列出的每项任务都依赖于所有前置任务的执行，即按代码中列出的顺序执行。
- 串行执行指的是依次在一个处理单元上执行一组有序的指令。当每个任务的输入需要前一个任务的输出时，串行执行是必要的。
- 并行执行指的是同时执行多个计算。当任务可以独立执行时，可以使用并行执行。
- 并行计算使用多个处理单元同时解决问题。这通常导致对程序进行大幅度的重新设计，即分解问题、创建或调整算法、在程序中添加同步点等。
- 并发描述涉及同时处理多个任务的工作方式。并行依赖于实际的运行时环境，并且需要多个处理资源和分解算法中的任务独立性。程序的并发依赖于编程语言及其编程方式，而并行则依赖于实际执行环境。
- 阿姆达尔定律是一个实用的工具，用于评估并行执行程序的收益，以判断这样做是否具有实际意义。
- 古斯塔夫森定律描述了如何在阿姆达尔定律限制下，利用计算机系统完成更多工作。

第3章 计算机工作原理

本章内容：

- 代码是如何在CPU上执行的
- 运行时系统的作用和目标
- 如何针对特定问题选择硬件

二十年前，程序员可能多年都遇不到拥有超过两个处理资源的系统。但如今，即便是手机也配备了多个内核。因此，现代程序员需要转变思维模式，以便能够同时在不同的处理资源上运行多个进程。

在描述并发算法时，人们并不需要了解实现程序的编程语言。然而，需要了解运行算法的计算机系统的特性。通过选择能够最大限度利用计算机系统硬件的操作类型，可以构造最高效的并发算法。因此，了解不同硬件架构的潜在能力是必要的。

由于使用并行硬件的目标是提高性能，代码效率是一个重要关注点。这意味着我们要对编程底层硬件有深入的理解。本章对并行硬件进行了概述，以便在设计软件时做出明智的决策。

3.1 处理器

中央处理器(Central Processing Unit，CPU)一词源自首批计算机发展的朦胧时期。当时，解释和执行机器指令所需的电路被安装在巨大的机柜之内。CPU还为连接的外围设备(如打印机、读卡器和早期存储设备，如鼓式磁盘和磁盘驱动器)执行所有操作。

现代CPU经过多年的演化，已经发生了巨大改变，其主要任务变为执行机器指令。CPU能非常轻松地处理机器指令，因为控制单元(Control Unit，CU)负责解释机器指令，而算术逻辑单元(Arithmetic Logic Unit，ALU)负责执行算术和位运算。得益于CU和ALU的协同工作，使得CPU可以处理比简单计算器更为复杂的程序。

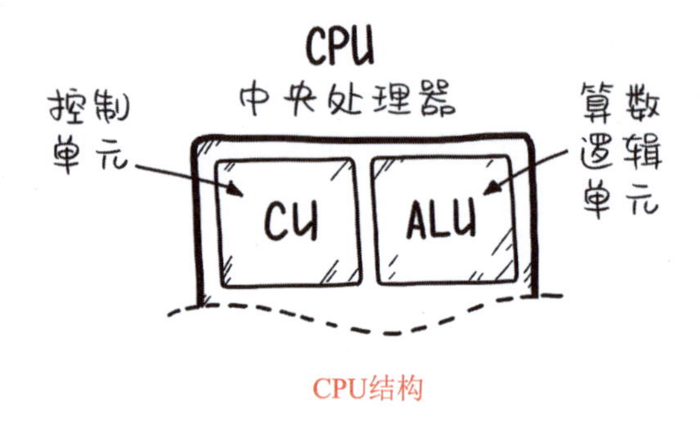

CPU结构

此外，CPU中的另一个组件也在加速执行方面发挥着重要作用。

3.1.1 缓存

缓存是CPU中的临时内存。相比于计算机的主内存，这种基于芯片的特性可使计算机以更快的速度访问缓存。

假设木工车间里有一名木匠，木匠(CPU)必须满足来自客户的请求(指令)。为了制作出客户想要的产品，木匠在附近创建了临时存储，用于存放新木材和资源，而无需前往存储所有物品的硬盘驱动器(Hard Disk Drive，HDD)仓库。

临时存储是连接到CPU的内存，称为随机访问内存(Random Access Memory，RAM)，它用于存储数据和指令。当程序开始运行时，将可执行文件和数据复制到RAM中，直到程序执行结束。

但是，CPU从不直接访问RAM。CPU的计算能力比RAM将数据传输到CPU的能力更快。现代CPU使用一个或多个级别的缓存来加速访问。

回到木工车间的比喻，除了在车间内有临时存储，木匠还需要能够快速使用他的工具，因此工具应该始终置于易于获取的工作台上。我们可以将缓存想象成处理器的工作台。

缓存内存相较于RAM速度更快，并且更接近CPU，因为它位于CPU芯片上。缓存为数据和指令提供存储，以便CPU不必等待从RAM中检索数据。当处理器需要数据时(程序指令也被视为数据)，缓存控制器会判断数据是否在缓存中并将其提供给处理器。如果请求的数据不在缓存中，则从RAM中检索数据并移动到缓存中。缓存控制器分析请求的数据，预测将需要从RAM中加载哪些额外数据，并将其加载到缓存中。

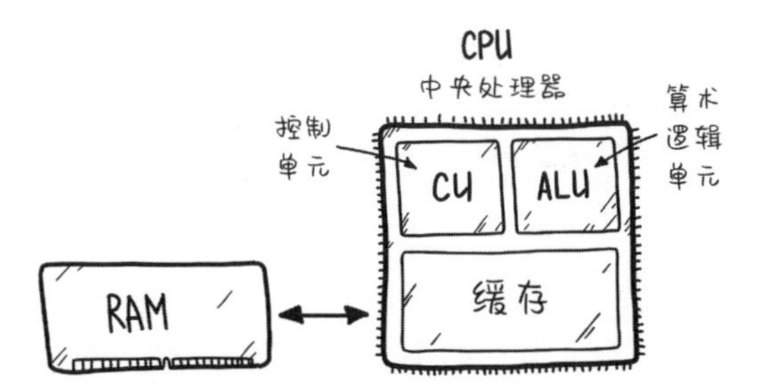

处理器有三个级别的高速缓存，分为1级、2级和3级(L1、L2和L3)。2级(L2)和3级(L3)用于预测接下来需要哪些数据和指令，将数据从RAM移到L1缓存中，使数据更接近处理器，并在需要时使用。级别越高，通信通道的速度越慢，可用的内存就越多。L1缓存最接近处理器。由于多个缓存级别的存在，使得处理器能够维持工作，而不会因为等待所需数据而浪费循环。

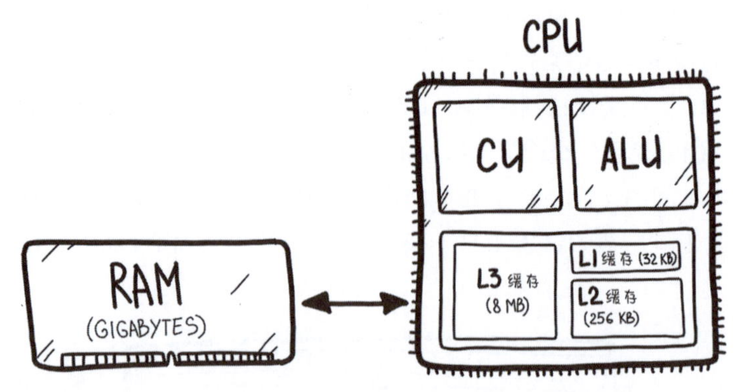

由于存在通信成本，几乎所有的数据访问和通信都会增加执行延迟，因此这对系统性能构成了巨大威胁。缓存可减轻或降低通信成本。如果将这些延迟放大到人们能够直观感知的日常尺度上进行分析，则缓存对延迟的影响如下表所示(称为缩放延迟)。

系统事件	真实延迟	缩放延迟
单 CPU 循环	0.4 ns	1 s
访问 L1 缓存	0.9 ns	2 s
访问 L2 缓存	2.8 ns	7 s
访问 L3 缓存	28 ns	1 m
访问内存 (RAM)	~100 ns	4 m
高速 SSD I/O	<10 μs	7 h
SSD I/O	50–150 μs	1.5 ～ 4 天
HDD I/O	1–10 ms	1–9 月
旧金山到纽约的网络请求	65 ms	5 年

接下来，我们介绍实际的执行循环。

3.1.2 CPU执行循环

再次回到木工车间的比喻。唯一的木匠负责所有工作，从与客户沟通到实际加工。工作包括获取客户的想法，将想法转换为任务项目，执行任务，并将成果提供给客户。这个循环占据了木匠的所有时间，木匠就是这样持续工作的。

相似地，CPU通过各阶段以持续执行指令。各个阶段的执行顺序被称为CPU循环。在最基本的形式中，处理器有四个不同的阶段。

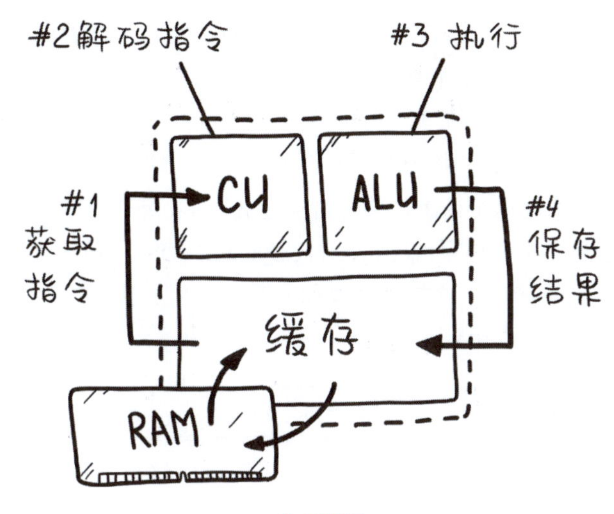

CPU执行循环

(1) 获取指令。CU从内存或缓存中获取指令并将其复制到CPU。在此过程中，CU使用各种计数器来确定应该获取哪些指令以及指令的位置。

(2) 解码指令。解码获取的指令并发送到CPU进行处理。因为不同类型的指令用于执行不同的任务，所以需要根据指令的类型和操作码，确定将指令发送到哪些处理单元。

(3) 执行。将计算指令移到ALU并开始执行。

(4) 存储结果。一旦指令执行完毕，结果将写入RAM，并开始执行下一条指令。然后，处理器回到步骤(1)，直到获取不到新指令。

处理器将所有时间都花费在这个循环中，不断检索下一条指令、解码、执行并存储结果。

3.2 运行时系统

使用CPU并非易事。开发者必须亲自处理各种操作，包括控制硬件资源、管理对硬件资源的访问、管理应执行的确切功能、在程序崩溃时提供程序间的隔离、访问共享资源等。

由于现代系统是通用的，因此复杂性较高。最终，系统会因为附带过多的特定任务管理系统而变得过于臃肿。例如，会附带文件管理系统、图形管理系统和任务管理系统。这些都是微程序管理系统的案例。微程序管理系统最终演化为应用程序和系统之间的额外抽象层，即运行时系统，而操作系统就是运行时系统的常见示例。

回到木工车间的比喻，木匠收到了来自客户的特殊订单。例如，交付木材、建造船只或桥梁，或制造木匠工具无法处理的产品。木匠意识到这些是由于客户的误操作而下的订单，因为只有其他商家才能完成这些工作。木匠决定雇佣人员来处理这些请求，只将木匠能处理的任务下达到车间。因此，木匠与同一街道上的其他商家协商，共同雇佣一名经理来处理订单请求。经理要求客户填写一份预先确定的表格，以确定哪个商家能满足请求，并将请求转交给木匠或其他商家。

经理的角色相当于操作系统(Operating System，OS)，它是计算机系统硬件和开发者之间的底层系统接口。这些接口被称为系统调用。接口与计算机硬件交互，并为应用程序提供服务和实用程序。

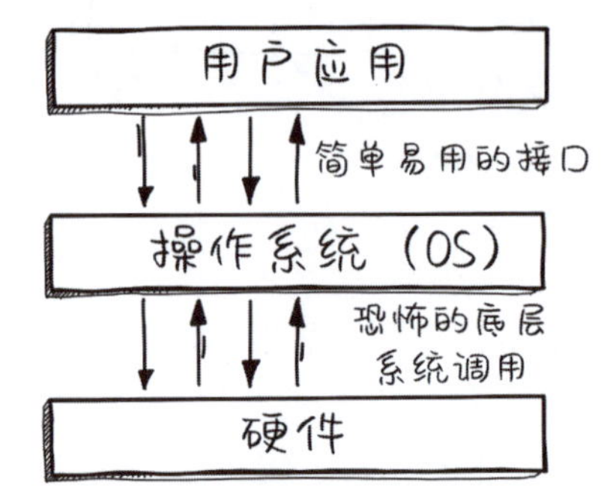

例如，当程序想要将数据写入磁盘时，会将写入任务委托给操作系统。操作系统使用磁盘控制器向磁盘发送指令，磁盘控制器负责向磁盘发送正确的信号。使用磁盘的程序不需要了解系统中磁盘的具体类型或其工作原理。操作系统会负责处理细节，并在可能的情况下会试图保护硬件和其他资源，以免发生使用不当的情况。但这样会带来额外的开销，因为在与硬件直接通信之前，程序要先使用操作系统的功能。有时操作系统可能会成为瓶颈，在用户应用层面执行某些操作，或许比引入系统调用更有优势。后面的章节将介绍具体的示例。

为了让操作系统执行程序，第一步是将可执行文件和任何静态数据(如初始化变量)加载到内存中。然后从入口点，即`main()`函数，开始执行程序。当操作系统切换到`main()`时，处理器的控制权转移到程序，程序在操作系统的控制和保护下开始运行。

所有现代计算机系统都遵循这些步骤。虽然该过程可能比上述描述得更为复杂，但涉及的组件是相同的。

3.3 计算机系统设计

如果查看计算机系统的结构，会看到一个或多个处理器、处理器可以访问的RAM、各种外部设备(如打印机、读卡器、硬盘、显示器等)和设备控制器或驱动程序，这些设备能与处理器或RAM通信。有一条通道，可以将所有这些组件连接起来，即系统总线，它可以实现CPU、RAM和外部设备之间的通信。

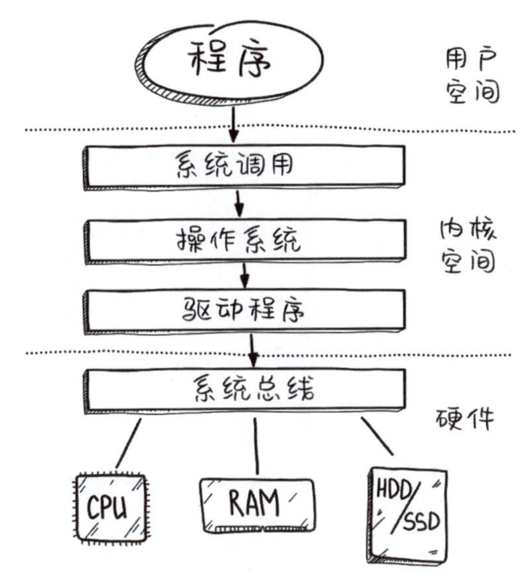

现在，我们将注意力转向用户空间和内核空间，这是计算机系统中两个不同的区域。用户空间是指用户级应用程序运行的地方，内核空间是指操作系统内核功能和系统调用运行的地方。这一区分至关重要，因为用户空间中的应用程序无法访问或修改底层系统，而内核则对系统和其资源有着绝对控制权。尽管硬件平台的具体细节(如形态因子、操作系统结构或所要求的用途)可能有所不同，但计算机系统的内部设计仍然基本相同。

了解了计算机系统设计之后，我们借助系统设计来介绍并行硬件的层级。

3.4 并发的硬件层级

CPU由许多电路(ALU)组成，这些电路可以执行基本的算术运算(如加法或乘法)。基于此，CPU可以将复杂的数学运算分解为多个子任务，使其能够同时在单独的算术单元上运行。这被称为指令级并行。有时，这种并行会被推向更深层次，即比特级并行。(大多数开发者很少关注这一层。编译器按处理器最方便处理的顺序，完成安排指令的工作。为了发挥处理器或编译器的全部潜力，只有极少的工程师对比特级并行层级感兴趣。)

创建并行硬件的另一个简单的思路是在计算机系统中安装多个芯片，复制处理器，就像聘用一名经理，让所有工人一起处理传入的客户请求。这种多处理器是指任何具有多个处理器的计算机系统。

多处理器是一种特殊类型的多核处理器，所有处理器都位于同一芯片上。每个内核都可以独立工作，操作系统将每个内核视为单独的处理器。这两种方法在处理器协同工作的速度和访问内存的方式上存在细微差别，但在本书中，我们将它们视为相同。

3.4.1　对称多处理器架构

计算机内存的运行速度通常低于处理器，从而导致了第2章提到的通信成本。这就是现在大多数多处理器系统都采用对称多处理器(Symmetric Multiprocessing，SMP)架构的原因。SMP是一组相同的处理器，通过系统总线连接到共享内存，它们具有单独的地址空间并运行在同一个操作系统中。

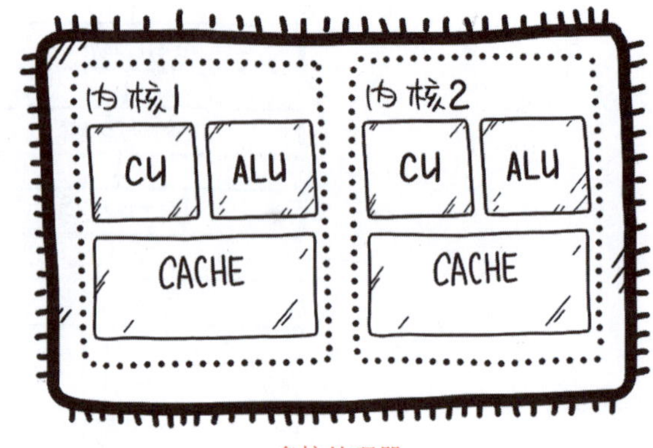

多核处理器

在SMP架构中，处理器通过系统总线连接到互联网。虽然网络速度很快，但当处理器需要交换数据时，交换不会瞬间完成，因为数据必须通过网络进行传递。随着交互的资源数量和网络距离不断增加，通信成本不容忽视，且会导致延迟问题的加剧。因此，SMP架构中的所有处理器配备了私有缓存以减少系统总线流量，从而降低延迟。

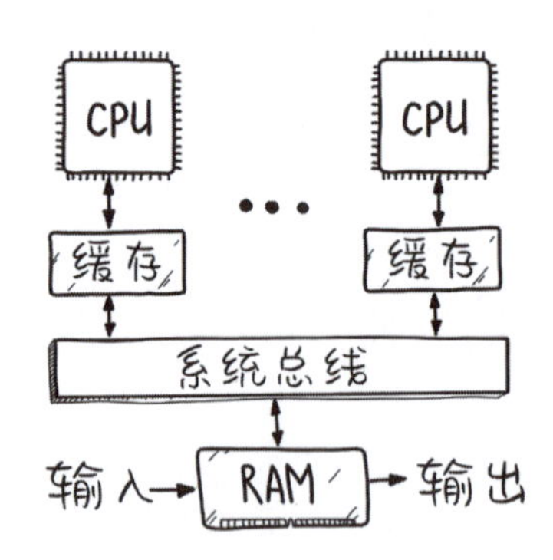

SMP架构由多个相互连接的处理器组成，处理器共享内存

SMP最显著的特点是多处理器的存在对终端用户是透明的。操作系统负责在单处理器上调度进程，并负责处理器之间的同步。然而，在这类系统中，增加连接到公共系统总线的处理器数量会导致系统总线成为瓶颈。缓存一致性问题加剧了这一瓶颈，这是由于多个处理器内核虽共享相同的内存层级，但拥有各自的L1数据和指令缓存。

注意

20世纪80年代开发的MESI协议解决了多处理器系统中缓存一致性的问题。通过跟踪每个缓存行的状态，MESI确保所有处理器对数据具有一致的视图，从而支持高效且无冲突的协作。如今，MESI是现代计算中必不可少的组成部分。

唯一能跨越SMP并进入大规模并行计算机的方法是放弃共享内存架构，转向分布式内存系统，即计算机集群。集群是各自拥有CPU的分布式的机器，它们通过网络连接。计算机集群是非常强大的并行系统。因为每台计算机都是独立运行，所以一台机器无法与另一台机器共享内存。如果一台机器更改其本地内存，那么该更改不会自动反映在其他机器的处理器内存中。因此，集群通常具有分布式内存，这导致了更高的通信成本，计算机需要通过网络进行通信，而网络速度远比在本地机器上传输数据慢得多。

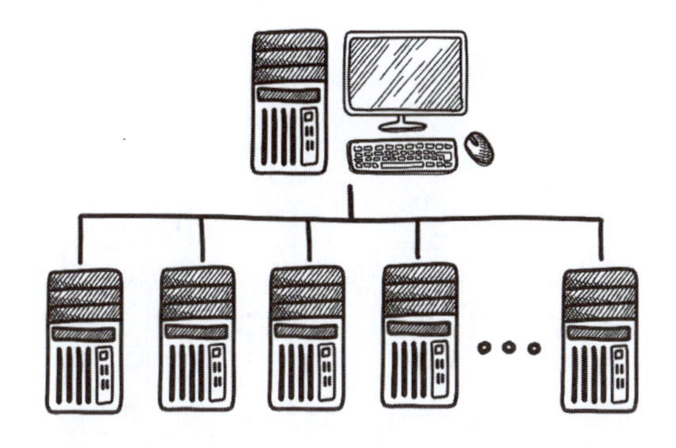

集群适用于松散耦合的问题(不需要处理器之间频繁地通信，但需要更多的计算能力)，而紧密耦合的问题更适合单机系统。集群的优势是高可扩展性，缺点是通信成本高。稍后将在后续章节中详细讨论分布式系统，现在我们重点介绍多处理器架构的类型。

3.4.2 并行计算机分类法

费林分类法(Flynn’s Taxonomy)是分类多处理器架构最广泛使用的方法。它根据两个独立维度，分别是指令和数据流，将计算机架构区分为四个类别。

第一类和第二类计算机架构分别是单指令流单数据流(Single Instruction Single Data，SISD)和多指令流单数据流(Multiple Instruction Single Data，MISD)，涉及用一条或多条指令处理一块数据。然而，由于它们缺乏并行化，对于并发系统而言无关紧要，这里只略作提及。

第三类是单指令流多数据流(Single Instruction Multiple Data，SIMD)，其特点是共享控制单元跨多个内核。这种设计允许在所有可用的处理资源上同时执行一条指令，从而支持在大量数据元素上同时执行相同的操作。然而，SIMD机器的指令集有限，因此只适用于需要高计算能力但不需要过多灵活性的特定问题。图形处理单元(Graphics Processing Unit，GPU)是SIMD的知名案例。

第四类是多指令流多数据流(Multiple Instruction Multiple Data，MIMD)。其中，每个处理资源都有独立的控制单元。因此，它不受某些类型指令的限制，并可以在单独的数据块上独立执行不同的指令。MIMD包括具有多个内核、多个CPU甚至多台机器的架构，以便可以同时在多个不同的设备上执行不同的任务。

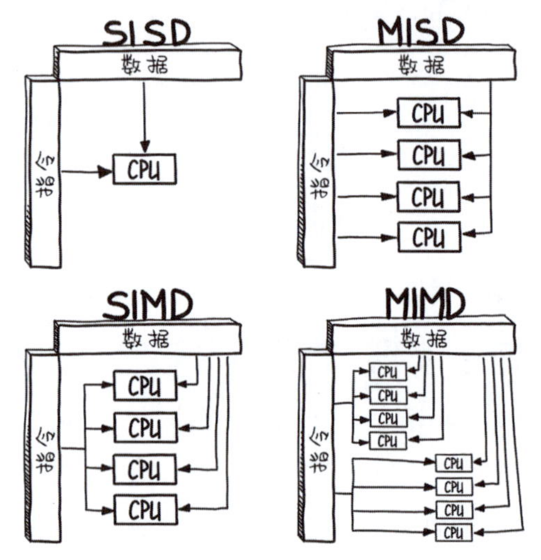

MIMD拥有更庞大的指令集，使得单独的处理资源比SIMD更加灵活。这就是MIMD是费林分类法中最常用的架构的原因，从多核计算机到分布式集群都有MIMD的身影。

3.4.3 CPU与GPU

电子游戏的玩家们催生了一类非常强大的并行处理设备，即俗称“显卡”的GPU。CPU和GPU有些相似。二者都有数百万个晶体管，每秒可以处理大量的指令。但这两个重要设备之间有什么区别，在不同的场景中应该如何选择呢？

标准的CPU是使用MIMD架构构建。现代CPU强大之处在于工程师在CPU中实现了各种各样的指令。计算机系统之所以能够完成任务，离不开CPU的支持。

GPU是一种类似SIMD架构的特殊处理器，仅优化了一组有限的指令。GPU的时钟速度低于CPU，但拥有更多的内核，数量可达数百甚至数千个，能够支持同时运行。这得益于强大的并行能力，GPU能够以惊人的速度执行大量简单的指令。

注意

例如，NVIDIA GTX 1080显卡拥有2,560个内核，时钟速度为1607 MHz。由于这些内核，NVIDIA GTX 1080每个时钟周期可以执行2,560条指令。对于想让图片亮度提高1%这样的任务，GPU可以轻松处理。相比之下，3.3 GHz的Intel Core i9-10940X处理器在每个时钟周期内只能执行14条指令[1]。

尽管单个CPU时钟速度更快且指令集更庞大，但GPU内核凭借其众多的数量和强大的并行能力，弥补了时钟速度慢和指令集小的不足。而CPU更适合复杂的线性任务。

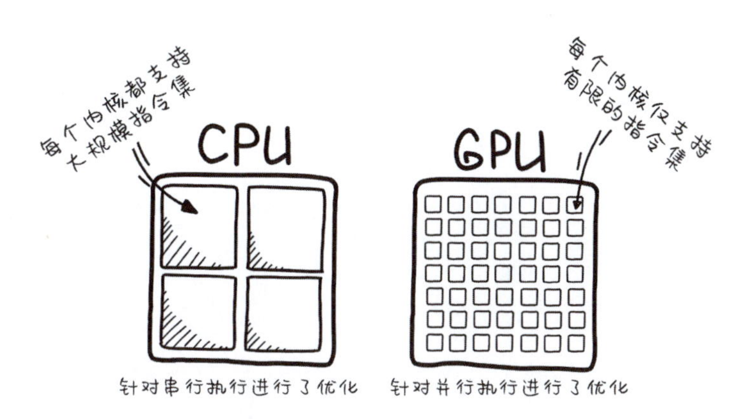

GPU最适合执行视频和图像处理、机器学习、金融模拟等重复性强、并行度高的计算任务。例如，矩阵的加法和乘法等操作很容易通过GPU执行，因为矩阵单元中的大多数操作是相互独立且相似的，因此可以并行化。

硬件架构高度可变，并且会影响程序在不同系统之间的可移植性。此外，程序在不同设备上运行时的加速程度也不同。例如，许多图形程序在GPU上运行得更为出色，而具有混合逻辑的普通程序则更适合在CPU上运行。

在本书中，CPU一词通常被用来泛指这两种处理资源的类型。在考虑到所有物理执行组件的基础上，我们将在下一章中通过几个易用的抽象来表示指令流。

3.5 本章小结

- 执行依赖于实际的硬件。现代硬件具有多个处理资源，包括多核、多处理器或计算机集群，并针对执行程序进行了优化。
- 基于系统是否处理单条或多条指令(SI或MI)，以及每条指令是否处理单个或多个数据块(SD或MD)，费林分类法描述了四种架构类型。
- GPU属于SIMD架构，适合执行高度并行的任务。

1 Intel Core i9-10940X X 系列处理器规格可参考 http://mng.bz/JgGz。

- 现代多处理器和多核处理器属于MIMD。因其具有多种用途而更为复杂。
- 处理器或CPU是计算机系统的大脑，但直接使用它颇为困难。在编程中，介于应用程序和系统之间，引入了一个额外的抽象层，即运行时系统。
- 为了利用并行执行，应用开发者需要选择适合的处理单元。CPU具有更高的时钟频率和更庞大的并行指令集；而GPU的时钟速度较低，但并行能力更强，所有内核同时只执行一条指令且执行速度惊人。

第4章 创建并发组件

本章内容：

- 并发中间层：运行时系统和操作系统
- 两个基本的并发概念：线程和进程
- 使用线程和进程实现并发程序
- 针对特定问题，选择合适的并发方法

并发编程涉及将程序分解为独立的并发单元。在前面的章节中，我们将这些单元称为子任务，子任务组成了程序的全部流程。现在，基于对硬件的了解，我们需要将这些抽象映射到执行代码的物理设备上。另一层抽象可以处理这项任务，即操作系统。操作系统的作用是尽可能高效地利用可用硬件，但它不是万能的解决方案。本章将重点介绍开发者如何构造程序，以帮助操作系统实现最佳的硬件利用率。

4.1 并发编程步骤

并发编程是一组抽象，它能让开发者将程序拆解为小型且独立的子任务，并将它们传递给运行时系统，排队等待执行。运行时系统负责编排子任务以高效利用系统资源，并将子任务传递给适当的处理资源执行。在并发编程中，实现这一过程的两个主要抽象是进程和线程。

4.2 进程

进程的非正式定义相对简单，进程就是运行中的程序。程序本身是没有生命的。它位于磁盘上，代表一组等待执行的指令。操作系统获取指令并在硬件上执行指令，以发挥程序的价值。

以汽车为例。汽车是由一堆机械零部件共同组成的。即使汽车的功能很强大，但如果它原地不动，就没有任何价值。但是，当有人插入钥匙并启动发动机时，汽车就可以行驶了。问题就转换为如何驾驶汽车。现在不仅是一辆车，而是成了从A点到B点的旅程，从而产生了价值。汽车的发明，促成了出行的方便快捷。

源代码就像汽车一样。代码只是一串被动的指令序列，资源抽象负责执行代码。编写源代码时，开发者没有内存以存储临时数据，没有文件用于读写，也没有想要发送信号的设备。开发者基于编程语言和运行时环境而建立的现实世界模型来编写代码。在执行代码时必须提供实际资源。

操作系统为运行程序提供的抽象称为进程。但在机器指令层面上不存在进程的概念。

在操作系统中，使用进程的目的是隔离任务，并为执行任务分配硬件资源。所有进程在操作系统中都共享硬件资源，并由操作系统管理。为了确保操作系统了解进程和资源之间的关系，每个进程必须拥有独立的地址空间和文件表。因此，进程是操作系统中资源分配的单位。

操作系统向每个进程提供了完全拥有计算机系统的假象，即使通常会有多个进程同时运行。为了维持这种假象，操作系统必须控制和保护进程，并对其进行隔离。隔离包括控制每个进程的CPU内核和内存的分配。进程的主要优势在于其执行与系统其余部分的完全独立和隔离，以防干扰全局对象，并确保一个程序的崩溃不会影响其他程序。

但是，这样的设计存在优势的同时也带来了弊端。由于进程本身是独立的，使进程之间的通信变得困难。因为进程不共享资源，所以任何一次进程通信都需要使用其他机制，而这些机制通常比直接访问数据慢几个数量级。第5章将详细讨论这一点，我们现在先介绍进程内部。

4.2.1 进程内部

进程就是一个正在运行的程序。在任意给定时刻，我们都可以通过列出进程在运行时系统中访问或修改的各种计算机系统组件，对进程进行描述。

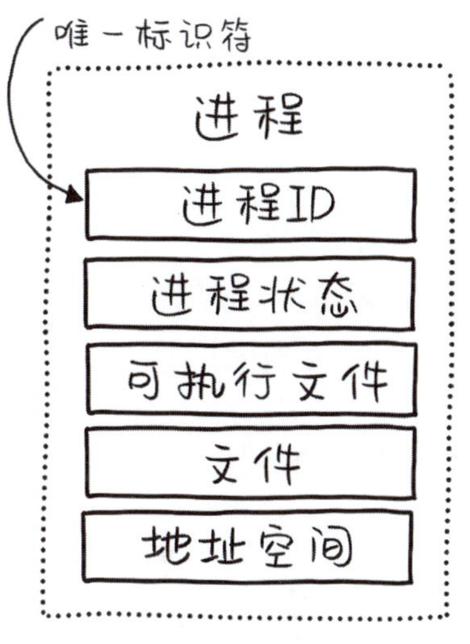

- 进程读写的数据存储在内存中。因此，进程可以看到或访问的内存，即地址空间，属于正在运行的进程的一部分。
- 包含所有机器指令的可执行文件也是进程的一部分。
- 进程还需要一个标识符，即独一无二的进程ID(Process ID，PID)，通过该ID可以识别进程。
- 最后，程序通常会访问磁盘、网络资源或其他第三方设备。这些信息必须包括由当前进程打开的文件列表、网络连接，以及有关资源的任何其他信息。

因此，进程封装了许多内容，包括可执行文件、使用的资源集合(文件、连接等)和内部变量的地址空间。所有这些被称为执行上下文。由于进程内部包含了许多内容，因此启动新进程相当烦琐。这就是它们经常被称为重量级进程的原因。

4.2.2 进程状态

从更高的视角分析进程，一切都显得简单明了。最初，进程似乎并不存在。然后，进程被创建和初始化，之后它便存在于计算机内存中(创建状态)。当用户代码启动进程时，进程进入就绪状态，随时准备在处理器内核上执行，但尚未开始执行任何工作。进程需要处理资源才能开始执行。随后，操作系统从就绪执行的进程列表中选择下一个要在CPU上执行的进程。操作系统选择一个进程后，该进程就进入了运行状态。

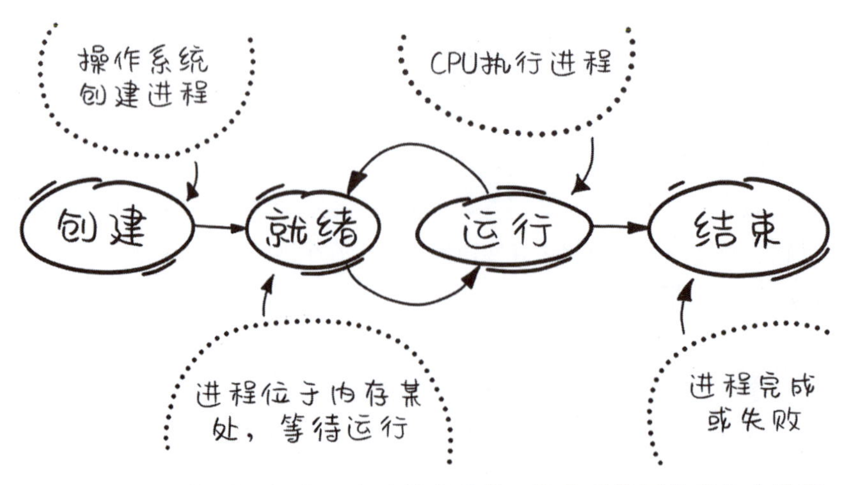

进程通常是由操作系统创建。除了创建进程，操作系统还负责终止进程。终止进程并不简单。操作系统需要判断出进程已经结束，包括任务已经完成，进程失败需要清理，或者父进程已经死亡。创建或终止进程的开销相对较高，因为进程附带了许多资源，这些资源必须被创建或释放。创建或释放资源需要消耗系统时间，并引入额外的延迟。

4.2.3 多进程

进程可以通过适当的系统调用(例如，调用`fork()`或`spawn()`)创建自己的进程，称为子进程，这一过程称为进程创建(spawning)。子进程是主进程的独立分支，它拥有一个单独的内存地址空间，这意味着子进程独立运行并由操作系统控制隔离。子进程不能直接访问其他进程的数据，每个子进程的指令在相应进程中独立执行，理想情况下能够并行执行。

现在我们进入并发的领域。通过使用生成程序，可以将执行分解为多个进程，这些进程可以在并行硬件上同时执行。

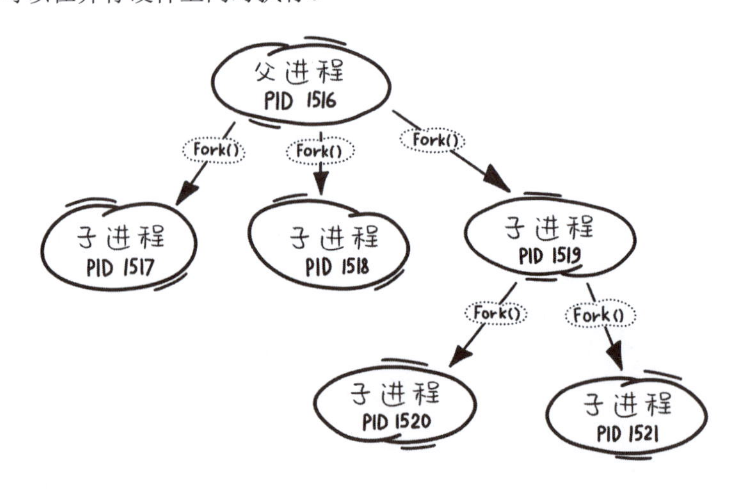

用代码来解释多进程通常比用文字更易于理解。以下是使用分叉机制创建三个子进程的程序示例：

```
# Chapter 4/child_processes.py
import os
from multiprocessing import Process


def run_child() -> None:
    print("Child: I am the child process")
    print(f"Child: Child's PID: {os.getpid()}")
    print(f"Child: Parent's PID: {os.getppid()}")


def start_parent(num_children: int) -> None:
    print("Parent : I am the parent process")
    print(f"Parent : Parent's PID: {os.getpid()}")
    for i in range(num_children):
        print(f"Starting Process {i}")
        Process(target=run_child).start()


if __name__ == "__main__":
    num_children = 3
    start_parent(num_children)
```

生成新进程。在独立进程中，start()方法启动run_child函数

这段代码创建了一个父进程和三个子进程，子进程是父进程的副本，唯一的区别是进程ID。父进程和子进程的执行是独立的。

注意

需要特别注意的是，在创建进程时，新进程从分叉发生的点开始执行，并且复制内部状态。新进程不会从头开始重复执行脚本。

这段程序输出了父进程和子进程及相应PID信息，类似以下内容：

```
Parent : I am the parent process
Parent : Parent's PID: 73553
Parent : Child's PID: 73554
Child: I am the child process
Child: Child's PID: 73554
Child: Parent's PID: 73553
Parent : I am the parent process
Parent : Parent's PID: 73553
Parent : Child's PID: 73555
Child: I am the child process
```

```
Child: Child's PID: 73555
Child: Parent's PID: 73553
Parent : I am the parent process
Parent : Parent's PID: 73553
Parent : Child's PID: 73556
Child: I am the child process
Child: Child's PID: 73556
Child: Parent's PID: 73553
```

编程语言通常使用高级抽象或服务方法处理进程，以便在程序源代码中更易于维护和理解进程。

注意

多种流行的服务器技术使用预分支模式实现了分叉/生成方法。预分支意味着服务器在启动时创建分支，然后处理传入的请求。NGINX、Apache HTTP Server和Gunicorn都可以在这种模式下工作，能够处理数百个请求。然而，这些解决方案还支持其他方法。

4.3 线程

在大多数操作系统中，共享进程内存是可行的，但需要做额外的工作(详见第5章)。而另一个抽象支持共享更多内容，即线程。

本质上，程序是一组必须按顺序执行的机器指令。为了实现这一点，操作系统引入了线程的概念。从技术上讲，线程是可以由操作系统进行调度的独立指令流。

如前所述，进程是正在运行的程序并包含资源。如果将程序分成单独的组件，那么一个进程就是一个资源容器(地址空间、文件、连接等)，而一个线程就是一个动态部分，即在容器内执行的一系列指令。因此，在操作系统的上下文中，一个进程可以看作是一个资源单元，而一个线程可以看作是一个执行单元。

然而，线程源于一个想法，即进程交互共享数据最高效的方法是共享公共地址空间。因此，单个进程中的线程就像可以轻松共享资源的进程，资源包括地址空间、文件、连接、共享数据等。

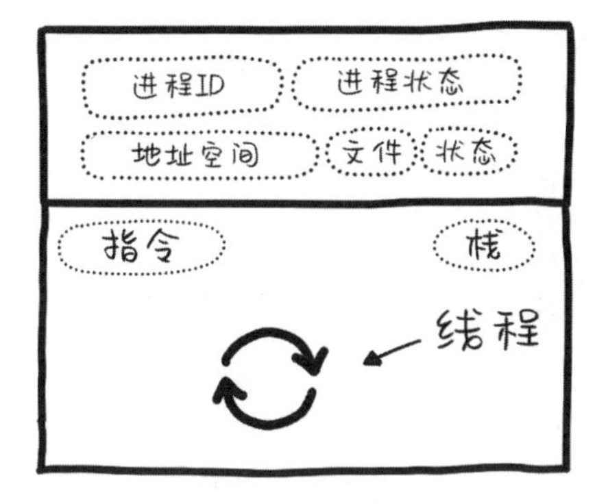

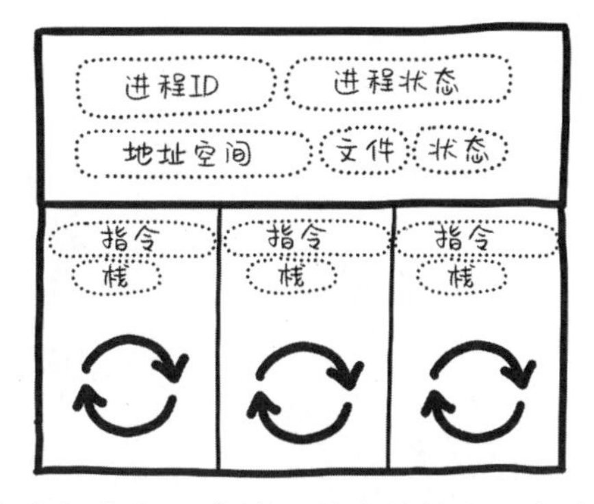

线程还需要维护自身状态，以确保指令进行安全、本地、独立地执行。每个线程通常独立于其他线程，除非需要进行交互。操作系统负责管理线程，可以将线程分配给可用的处理器内核。因此，创建多线程程序是并发运行多个任务的便利方式。为了说明进程和线程的区别，我们来看一个示例。假设你管理着一家建筑公司，聘用了三个建筑队负责三个不同的项目。

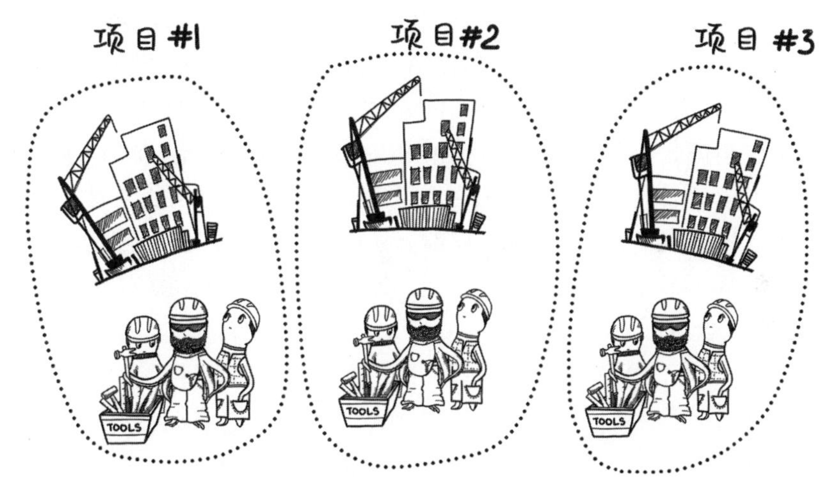

这种方式类似于进程。每个建筑队(进程)专门处理一个项目(任务)，建筑队有各自的工具、项目计划和资源。或者为了节省成本，你可以只聘用一个建筑队来处理所有三个不同的项目。建筑队使用共同的工具和资源，但每个项目都有一个独立的指令列表，类似于线程的工作方式。

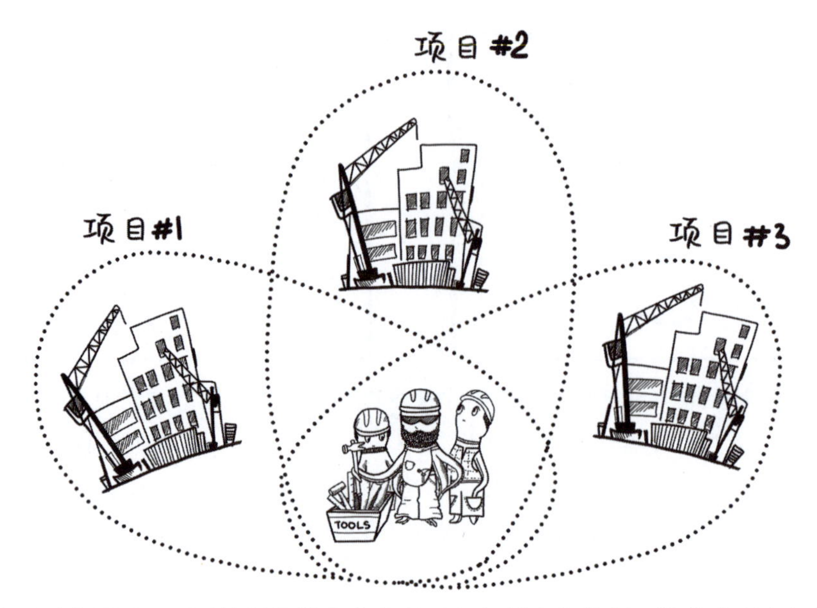

由于历史原因，不同的硬件供应商实现了各自版本的线程。这些实现之间差异显著，开发者很难实现可移植的线程应用程序。因此，需要一个标准化的编程接口。

对于UNIX系统，这个接口由IEEE POSIX[1]定义，并作为可选库在Windows操作系统中提供。遵循此标准的实现被称为POSIX线程或Pthread(也是C语言库实现的名称)。因为大多数硬件制造商使用Pthread，因此我们将更多地介绍此标准。

在POSIX标准中，每个运行的程序都会导致操作系统创建一个进程，每个进程至少有一个线程。不存在没有线程的进程。每个线程还需维护独立的执行上下文，以确保其指令安全且独立地执行。

4.3.1 线程特性

相比于进程，正确实现的线程既有优点也有缺点。

优点：内存开销小

进程是完全独立的，每个进程都拥有自己的地址空间、线程集和变量副本，这些副本与其他进程中的同名变量完全独立。线程的内存开销比标准的fork()函数要少，因为不会复制父线程，线程共享相同的进程。基于这个原因，线程有时也被称为轻量级进程。

因此，我们可以在同一系统上创建比进程更多的线程。创建和终止线程比进程更快，因为操作系统分配和管理线程资源所需的时间更少。基于这个原因，我们可以在应用程序中随时创建线程，而不必担心浪费CPU时间和内存。

1 IEEE POSIX 1003.1c(1995)，网址为 https://standards.ieee.org/ieee.org/iee/1003.1c/1393。

优点：通信开销小

每个进程都使用自己的内存。进程只能通过进程通信机制(我们将在第5章中讨论)来交换信息。

线程共享相同的地址空间，因此它们可以通过写入和读取其父进程的共享地址空间相互通信，而不会有任何问题或开销。一个线程所做的任何更改都可以立即对所有线程有效。因此，对于广泛使用的SMP系统而言，使用线程通常比进程更方便。

缺点：需要同步

操作系统为进程提供了完全独立的环境，因此如果其中一个进程崩溃，其他进程不会受到影响。然而，对于线程而言，情况则不同。由于所有线程都在同一进程中共享资源，如果其中一个线程崩溃或损坏，其他线程也很可能受到影响。为了避免这种情况发生，开发者需要对共享资源的访问进行同步，并对线程的行为进行更严格的控制(我们将在第8章中讨论这个问题)。

4.3.2 线程实现

基于线程的方法是许多编程语言实现并发的常见方式。这不意味着在编程语言中明确使用线程。相反，在运行时中，运行时环境可以将其他编程语言的并发构造映射到物理线程。编程语言通常为创建进程提供了更高级别的抽象，因为进程在程序源代码中更易于维护和跟踪。

注意

尽可能避免使用低级线程，而是使用可以抽象表示低级线程的库。POSIX的通用实现在C/C++中以库函数的形式提供。现代语言，如Python、Java和C#(.NET)提供了适合这些语言设计特性的本地线程抽象。同样，Go的goroutine、Scala并行集合、Haskell的GHC、Erlang进程、OpenMP等多线程特性，可以在编程语言中以更自然的方式体现。任何提供了编程语言的运行时环境的操作系统，都能够移植线程实现。

如下所示，使用Python创建五个子线程：

```
# Chapter 4/multithreading.py
import os
import time
import threading
from threading import Thread


def cpu_waster(i: int) -> None:
    name = threading.current_thread().getName()
```

```
    print(f"{name} doing {i} work")
    time.sleep(3)


def display_threads() -> None:
    print("-" * 10)
    print(f"Current process PID: {os.getpid()}")
    print(f"Thread Count: {threading.active_count()}")
    print("Active threads:")
    for thread in threading.enumerate():
        print(thread)

def main(num_threads: int) -> None:
    display_threads()

    print(f"Starting {num_threads} CPU wasters...")
    for i in range(num_threads):
        thread = Thread(target=cpu_waster, args=(i,))
        thread.start()

    display_threads()

if __name__ == "__main__":
    num_threads = 5
    main(num_threads)
```


输出结果如下所示：

```
----------
Current process PID: 35930
Thread Count: 1
Active threads:
<_MainThread(MainThread, started 8607733248)>
Starting 5 CPU wasters...
Thread-1 doing 0 work
Thread-2 doing 1 work
Thread-3 doing 2 work
Thread-4 doing 3 work
Thread-5 doing 4 work
----------
Current process PID: 35930
Thread Count: 6
Active threads:
<_MainThread(MainThread, started 8607733248)>
<Thread(Thread-1, started 12940410880)>
```

```
<Thread(Thread-2, started 12945666048)>
<Thread(Thread-3, started 12950921216)>
<Thread(Thread-4, started 12956176384)>
<Thread(Thread-5, started 12961431552)>
```

程序启动时创建了一个进程，并在该进程中创建了一个主执行线程。注意，包括主线程在内的任何线程，都可以随时创建子线程(这就是输出中有`Thread Count：6`的原因)。在示例中，我们创建了五个新线程，然后并发运行线程。

进程和线程是并发的基础构建模块，也是开发者的常用工具。但是，无论使用线程还是进程，都可以将它们当作线程，因为每个进程至少有一个线程。在本书后文中，如果具体实现不重要，我们将使用术语“任务”作为替代。

实现并发并不是一件容易的工作。前面四章概述了并发编程的复杂性。了解了这些内容后，你可能想知道并发编程是否适合你。

假想一群小猫咪在纱线篮子里玩耍。它们对什么都好奇，想要尝试，喜欢享受玩耍的美好时光。小猫咪们不会将纱线篮子视为烦恼，而是当作可以探索、拆卸和打造自己小天地的游乐场。

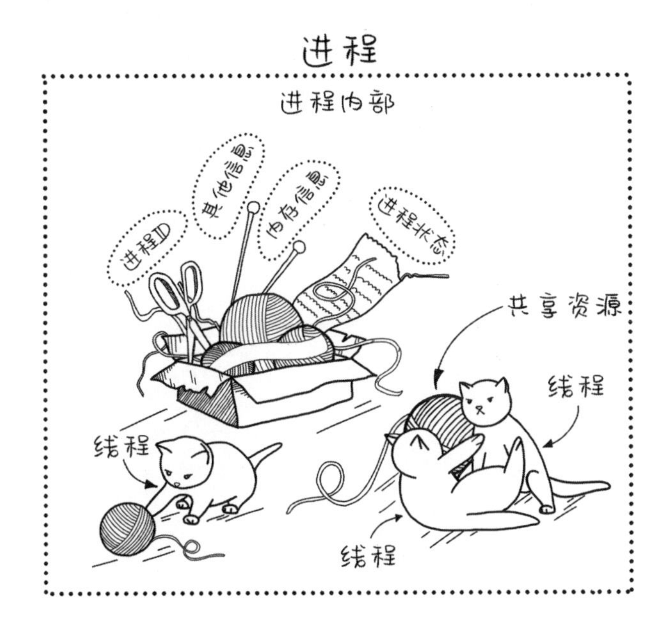

优秀的程序员也喜欢如此。程序员拥有可供使用的进程、共享资源、线程、打开的文件和数据，所有这些都是为了创建一个能够解决现实世界问题、自动化任务或娱乐数百万用户的程序。

因此，请充满信心地继续前进，不断探索。从现在开始，你所做的事情可能会改变世界。

4.4 本章小结

- 操作系统的任务是将执行映射到实际的硬件上。
- 进程是在计算机系统中运行程序的实例。每个进程至少包含一个或多个执行线程，线程不能独立于进程存在。
- 线程是一个计算单元，它是一组实现特定结果的独立编程指令，由操作系统独立执行和管理。
- 多个执行线程可以存在于同一进程中并共享资源，而进程几乎都是独立的。
- 使用线程可以轻松创建并发应用程序，因为在线程之间切换比在进程之间切换更容易。此外，线程使用共同的地址空间，访问共享数据的速度更快。但也存在数据损坏的风险，需要控制对共享对象的访问和同步。

第5章 进程间通信

本章内容：

- 实现高效任务通信
- 选择适宜的通信类型
- 线程池：流行的并发编程模式

我们很难保证计算机上运行的并发任务是独立的。通常，任务间通信是高效执行的必要条件。如果一个任务依赖于另一个任务的结果，则程序必须知道何时暂停其工作，同时等待其他任务完成。

因此，通信是任何并发系统的关键。如果无法确保任务之间正确通信，则从并发中获得的性能收益就毫无意义。本章将介绍操作系统中，进程和线程进行通信和协调的原理。接下来，首先介绍并发系统中的不同通信类型。

5.1 通信类型

操作系统提供了进程和线程相互通信的机制。这些机制被称为进程间通信(Interprocess Communication，IPC)。一旦程序要使用IPC，就必须决定在系统中使用哪种可用的IPC方法。

注意

尽管IPC被称为进程间通信，但这并不意味着只有进程需要通信。无论是处理线程还是进程，都可以将它们视为线程，因为每个进程至少有一个线程，因此本质上通信只发生在线程之间。以免混淆术语，后面将使用术语“任务”指代执行单元。

最流行的IPC类型是共享内存和消息传递。

5.1.1 共享内存型IPC

最简单的通信方式是使用共享内存。共享内存支持一个或多个任务通过虚拟地址空间中共有的内存进行通信，类似于读写本地变量，这些变量是其地址空间的一部分。因此，一个进程或线程所做的更改会立即反映在其他进程或线程中，而无需与操作系统交互。

假设你与几个朋友住在同一个房子里。你们有一个共享的厨房，厨房里有一台供所有人使用的冰箱。你为自己拿了一瓶啤酒，并告诉朋友们，他们可以在冰箱最底层找到六瓶啤酒。冰箱就像是共享内存，所有朋友(任务)都可以使用冰箱来存储啤酒(共享数据)。

当同一台计算机中的两个处理器(或处理器内核)引用同一个物理内存位置，或同一程序中的线程共享同一个对象时，就会用到共享内存IPC。代码示例如下所示：

```
# Chapter 5/shared_ipc.py
import time
from threading import Thread, current_thread

SIZE = 5
shared_memory = [-1] * SIZE
class Producer(Thread):
```

设置共享内存大小

```
    def run(self) -> None:
        self.name = "Producer"
        global shared_memory
        for i in range(SIZE):
            print(f"{current_thread().name}: Writing {int(i)}")
            shared_memory[i - 1] = i
```

生产者线程向共享内存写入数据

```
class Consumer(Thread):
    def run(self) -> None:
        self.name = "Consumer"
        global shared_memory
        for i in range(SIZE):
            while True:
                line = shared_memory[i]
                if line == -1:
                    print(f"{current_thread().name}: Data not available\n"
                          f"Sleeping for 1 second before retrying")
                    time.sleep(1)
                    continue
                print(f"{current_thread().name}: Read: {int(line)}")
                break
```

消费者线程不断从共享内存读取数据，如果没有数据可用，则等待

```
def main() -> None:
    threads = [
        Consumer(),
        Producer(),
    ]

    for thread in threads:
        thread.start()
```

启动所有子线程

```
    for thread in threads:
        thread.join()
```

等待所有子线程结束

```
if __name__ == "__main__":
    main()
```

在这段代码中，我们创建了两个线程，即Producer和Consumer。Producer生产数据并将其存储在共享内存中，Consumer消费存储在共享内存中的数据。因此，二者使用共享数组相互通信。该程序的输出结果如下：

```
Consumer: Data not available
Sleeping for 1 second before retrying
Producer: Writing 0
```

```
Producer: Writing 1
Producer: Writing 2
Producer: Writing 3
Producer: Writing 4
Consumer: Read: 1
Consumer: Read: 2
Consumer: Read: 3
Consumer: Read: 4
Consumer: Read: 0
```

对于开发者而言，共享内存既有优点也有缺点。

优点

共享内存是速度最快且资源消耗最少的通信方式。尽管操作系统帮助分配共享内存，但它不参与任务间的通信。因此，在这种情况下，操作系统完全从通信中移除，因此没有开销，从而提高了通信速度并减少了数据复制。

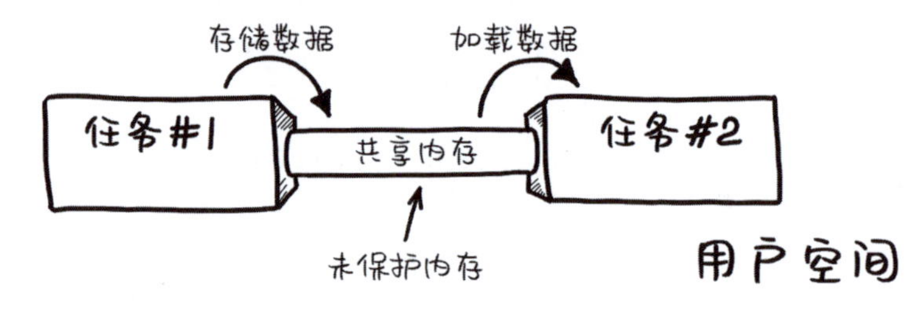

缺点

共享内存的缺点在于它不一定是任务之间最安全的通信方式。操作系统不再提供共享内存的接口和保护。例如，两个朋友都想喝最后一瓶啤酒。这就会产生冲突(有时甚至是战争)。同样，运行相同程序的任务需要读取或更新相同的数据结构。因此，使用共享内存有时更容易出错，开发者必须通过保护共享内存对象的方式来重新设计代码(第8章将讨论更多关于这方面的内容)。

共享内存的另一个缺点是它无法扩展到机器之外，只能用于本地任务。这会在大型分布式系统中造成问题，因为需要处理的数据无法放入一台机器中。但对于对称多处理(SMP)架构而言，共享内存是一个适合的选择。

在SMP系统中，各个CPU上的所有进程或线程共享一个唯一的逻辑地址空间，该地址空间映射到物理内存中。这使得共享内存方法在SMP系统中流行，特别是线程从一开始就和共享内存密切相关。然而，在SMP系统中，增加连接到公共系统总线的处理器数量会导致瓶颈(详见第3章)。

5.1.2 消息传递型IPC

如今最广泛使用的IPC类型(通常由OS支持)是消息传递。在消息传递型IPC中，每个任务都有一个独特的名称，任务通过向有名称的任务发送和接收消息实现交互。操作系统创建通信通道，并提供易于使用的接口，以便任务可以通过该通道传递消息。

消息传递的优点是操作系统负责管理通道，提供易于使用的接口来发送和接收数据，从而避免了冲突。另一方面，通信成本相对较高。因为任何信息片段要在任务之间转移必须通过系统调用，从任务的用户空间复制到操作系统的通道(如第3章中所述)，然后再复制回接收任务的地址空间。

消息传递另一个优点是它可以轻松地从一台机器扩展到分布式系统。除此之外，消息传递还有其他优点。

注意

许多编程语言仅使用消息传递型IPC。Go语言利用通信共享内存。Go语言文档表明了这一点，即“不通过共享内存进行通信；相反，利用通信共享内存。”另一个例子是Erlang，其进程之间不共享任何数据，仅通过消息传递相互通信。

消息传递可以通过多种方法实现。接下来，将介绍现代操作系统中常见的几种方法，包括管道、套接字和消息队列。

5.1.3 管道

管道是IPC中最简单的形式。正如其名，管道定义了任务之间的单向数据流，数据从一端写入并从另一端读取。当需要双向通信时，必须创建两个管道。

将IPC中的管道想象为水管。如果把一只橡皮鸭放进溪流里，它会沿着溪流流向溪流的尽头。写入端是你放入橡皮鸭的上游位置，读取端是橡皮鸭最终到达下游的位置。

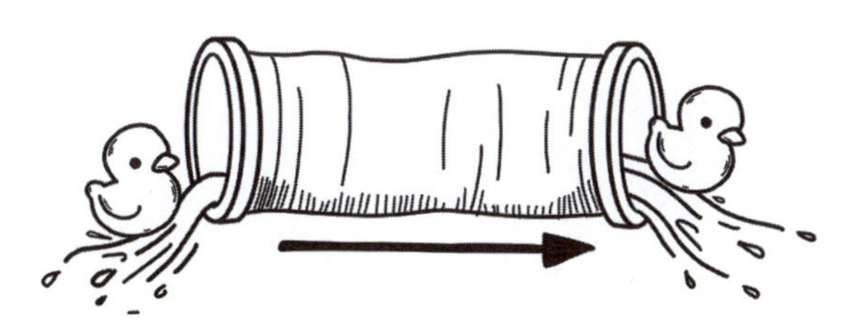

在代码中，一部分调用写入端方法发送数据，而另一部分读取传入的数据。管道是一个临时对象，只能由两个任务使用，如果发送器或接收器中的任何一方失效，则管道将被关闭。

注意

在Go中，通道是一种常用的数据类型，支持Go并发或goroutine之间的同步和通信。可以将其视为goroutine进行通信的管道。

管道有两种类型，包括未具名管道和具名管道。未具名管道只能由相关的任务使用(即子进程——父进程或兄弟进程，或同一进程中的线程)，因为相关任务共享文件描述符。未具名管道在任务完成使用后消失。

由于管道本质上是文件描述符(在UNIX系统中)，因此管道操作与文件操作相似，但管道和文件系统不连接。当写入器将数据写入管道时，会在管道上使用`write()`操作系统调用。如果要从管道中获取数据，则使用`read()`系统调用。`read()`方法像处理文件一样处理管道，但会发生阻塞，直到没有数据可供读取。在不同系统中，管道可能会以不同方式实现。

通过在主线程中创建管道，然后将文件描述符传递给子线程，就可以通过管道将数据从一个线程传递到另一个线程。这就是管道的工作原理。管道代码示例如下所示：

```
# Chapter 5/pipe.py
from threading import Thread, current_thread
from multiprocessing import Pipe
from multiprocessing.connection import Connection

class Writer(Thread):
    def __init__(self, conn: Connection):
        super().__init__()
        self.conn = conn
        self.name = "Writer"

    def run(self) -> None:
        print(f"{current_thread().name}: Sending rubber duck...")
        self.conn.send("Rubber duck")
```

向管道写入消息

```
class Reader(Thread):
    def __init__(self, conn: Connection):
        super().__init__()
        self.conn = conn
        self.name = "Reader"

    def run(self) -> None:
        print(f"{current_thread().name}: Reading...")
        msg = self.conn.recv()
        print(f"{current_thread().name}: Received: {msg}")
```

从管道读取消息

```
def main() -> None:
    reader_conn, writer_conn = Pipe()
    reader = Reader(reader_conn)
    writer = Writer(writer_conn)

    threads = [
```

创建一个未具名管道，用于在两个线程之间进行通信，其中包括两个管道连接进行读取和写入

```
            writer,
            reader
        ]
        for thread in threads:
            thread.start()

        for thread in threads:
            thread.join()

    if __name__ == "__main__":
        main()
```

我们使用两个线程创建了一个未具名管道。写入线程通过管道向读取器写入一条消息。以下是程序的输出：

```
Writer: Sending rubber duck...
Reader: Reading...
Reader: Received: Rubber duck
```

注意

pipe()和fork()构成了UNIX终端和命令语言Bash中的管道运算符(|)，如ls | more。

具名管道支持按照先进先出(First In First Out，FIFO)原则传输数据，这意味着将按照请求到达的顺序进行处理。因此，具名管道经常被称为FIFO。

与未具名管道不同，FIFO不是临时对象，而是文件系统中的实体，可以由具有适当访问权限的无关任务自由使用。即使不知道管道另一端有哪些任务，具名管道也支持任务进行交互，甚至可以跨网络。此外，FIFO与未具名管道的处理方式完全相同，并使用相同的系统调用。

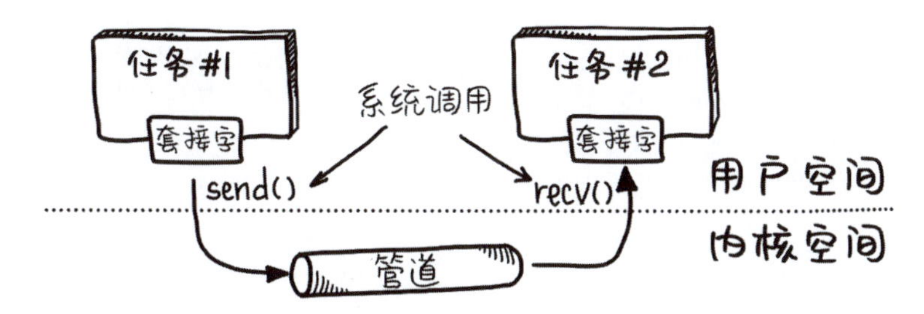

由于管道具有单向特性，使用管道的最佳方式是将数据从生产程序传输到消费程序。对于其他用途，管道的用途有限，其他的IPC方法效果更好。

5.1.4 消息队列

另一种流行的消息传递IPC实现是消息队列。与具名管道类似，消息队列使用先进先出原则组织数据，这就是它的名称中有“队列”两字的原因。但是，队列还支持多个任务写入或读取消息。

消息队列提供了一种强大的任务解耦方式，支持生产者和消费者与队列进行交互，而不是直接交互。这为开发者提供了很多控制执行的权限。例如，worker可以在未处理消息的情况下将消息放回消息队列。消息队列的代码实例如下所示：

```
# Chapter 5/message_queue.py
import time
from queue import Queue
from threading import Thread, current_thread


class Worker(Thread):
    def __init__(self, queue: Queue, id: int):
        super().__init__(name=str(id))
        self.queue = queue

    def run(self) -> None:
        while not self.queue.empty():
            item = self.queue.get()
            print(f"Thread {current_thread().name}: "
                  f"processing item {item} from the queue")
            time.sleep(2)


def main(thread_num: int) -> None:
    q = Queue()
    for i in range(10):
        q.put(i)

    threads = []
    for i in range(thread_num):
        thread = Worker(q, i + 1)
        thread.start()
        threads.append(thread)

    for thread in threads:
        thread.join()


if __name__ == "__main__":
    thread_num = 4
    main(thread_num)
```

从队列中获取下一个待处理的项目。如果队列中没有可用的数据，则Get方法会发生阻塞

创建一个具有数值的队列，用于在线程中进行处理

在这段代码中，我们创建了一个消息队列，并将10条消息放入4个子线程进行处理。线程将处理队列中的所有消息，直到队列为空。需要注意的是，队列不仅是线

程交互点，还会存储消息，直到消息全部完成处理。这样即可创建一个松散耦合的系统。该程序的输出结果如下所示：

```
Thread 1 : processing item 0 from the queue
Thread 2 : processing item 1 from the queue
Thread 3 : processing item 2 from the queue
Thread 4 : processing item 3 from the queue
Thread 1 : processing item 4 from the queue
Thread 2 : processing item 5 from the queue
Thread 3 : processing item 6 from the queue
Thread 4 : processing item 7 from the queue
Thread 1 : processing item 8 from the queue
Thread 3 : processing item 9 from the queue
```

正如输出所示，消息队列用于实现松散耦合的系统。其被广泛运用于各种领域，在操作系统中用于调度进程，在路由器中用作缓冲区以存储要处理的数据包，即使云应用程序也使用消息队列通信微服务。此外，消息队列也被广泛运用于异步处理。我们将在本章末尾介绍队列的实际用途，接下来将讨论UDS。

5.1.5 UDS

套接字在通信的各种域中都有应用，本章将讨论在同一系统内线程之间使用的UNIX域套接字(UNIX Domain Socket，UDS)。第10章将讨论网络和网络套接字，以及其他常见的域套接字。

通过套接字可以创建双向的FIFO通信，从而实现消息传递的IPC。在这种IPC中，一个线程可以将信息写入套接字，另一个线程可以从套接字中读取信息。套接字是表示连接端点的对象。来自两个端点的线程各有自己的套接字，这些套接字相互连接。因此，要从一个线程向另一个线程发送信息，可以将其写入一个套接字的输出流，并从另一个套接字的输入流中读取信息。

通过两个套接字发送消息，就像给妈妈邮寄圣诞卡。你在贺卡上写下一些甜蜜的假日祝福，并写上妈妈的姓名和地址。然后将贺卡投入邮箱，这样你就完成了该做的部分。接下来，邮局将完成剩余的工作。邮局会将贺卡送往妈妈当地的邮局，随后邮递员将贺卡送到妈妈的家门口，并看到她露出开心的表情。

对于圣诞贺卡而言，你首先需要在贺卡上写明寄件人和收件人的地址。与套接字相比，你需要先建立连接，然后才能开始交换消息。

发送线程将想要发送的信息放入消息中，并通过专用通道向接收线程发送该消息，然后接收线程读取该消息。我们至少需要两个方法，即`send(message, destination)`和`receive()`。信息交换中的执行线程可以位于同一台机器上，或通过网络连接的不同机器。

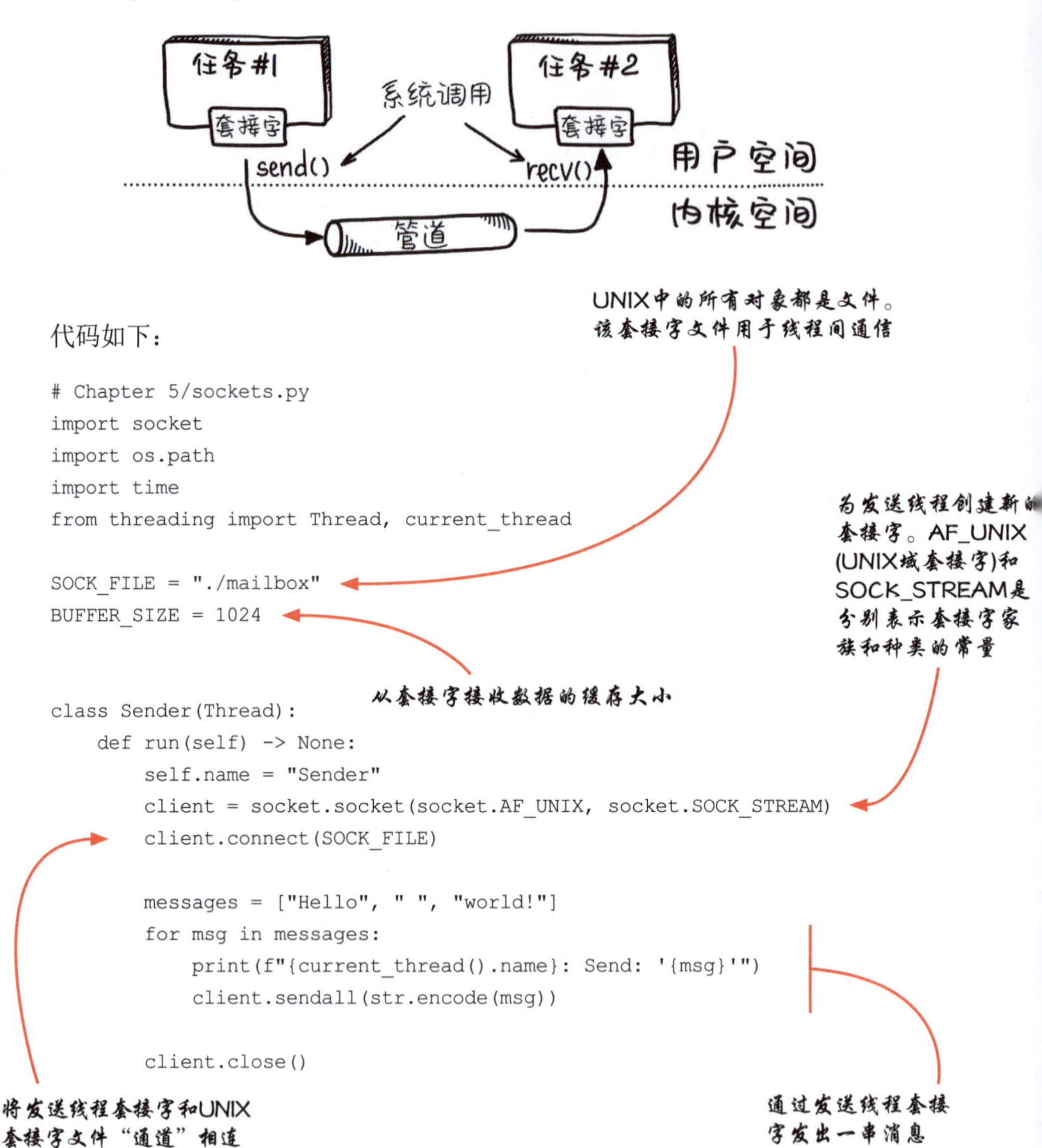

代码如下：

```
# Chapter 5/sockets.py
import socket
import os.path
import time
from threading import Thread, current_thread

SOCK_FILE = "./mailbox"
BUFFER_SIZE = 1024


class Sender(Thread):
    def run(self) -> None:
        self.name = "Sender"
        client = socket.socket(socket.AF_UNIX, socket.SOCK_STREAM)
        client.connect(SOCK_FILE)

        messages = ["Hello", " ", "world!"]
        for msg in messages:
            print(f"{current_thread().name}: Send: '{msg}'")
            client.sendall(str.encode(msg))

        client.close()
```

```
class Receiver(Thread):
    def run(self) -> None:
        self.name = "Receiver"
        server = socket.socket(socket.AF_UNIX, socket.SOCK_STREAM)
        server.bind(SOCK_FILE)
        server.listen()

        print(f"{current_thread().name}: Listening to incoming messages...")
        conn, addr = server.accept()

        while True:
            data = conn.recv(BUFFER_SIZE)
            if not data:
                break
            message = data.decode()
            print(f"{current_thread().name}: Received: '{message}'")

        server.close()


def main() -> None:
    if os.path.exists(SOCK_FILE):
        os.remove(SOCK_FILE)

    receiver = Receiver()
    receiver.start()
    time.sleep(1)
    sender = Sender()
    sender.start()

    for thread in [receiver, sender]:
        thread.join()

    os.remove(SOCK_FILE)


if __name__ == "__main__":
    main()
```

为接收线程创建新套接字，配置与发送套接字相同

绑定并启动接收线程套接字，以监听传入连接

接收线程的套接字接受连接，并返回新连接和发送端地址

从连接的发送端套接字接收数据，直到连接关闭

我们创建了两个线程，即Sender和Receiver。每个线程都有自己的套接字。二者唯一的区别是Receiver处于监听模式，等待传入的发送端发送消息。输出结果如下所示：

```
Receiver: Listening of incoming messages...
Sender: Send: 'Hello'
Sender: Send: ' '
Receiver: Received: 'Hello'
```

```
Receiver: Received: ' '
Sender: Send: 'world!'
Receiver: Received: 'world!'
```

这是实现IPC最简单和最常用的方法，但开销相对较高，因为需要进行序列化，而序列化又需要开发者考虑要传输的数据。从好的一面来看，套接字很灵活，如果需要的话，几乎无需改动就可以延伸到网络套接字，能够轻松地将程序扩展到多台机器。本书第三篇将详细讨论这个问题。

注意

这里没有列出完整的IPC类型列表，只展示了最受欢迎和后文将会出现的类型。例如，信号是IPC中最老的方法。此外，还有特殊的种类，如邮路(mailslots)[1]，其仅在Windows中可用。

讨论完IPC后，我们已经介绍了并发的基础知识。接下来，将介绍第一个并发模式，即线程池。

5.2 线程池模式

使用线程开发软件是一项具有挑战性的任务。因为线程不仅是需要手动管理的低级并发构造，而且通常与线程一起使用的同步机制可能会使软件设计复杂化，且不一定能提高性能。此外，由于应用程序的最佳线程数量可以根据当前系统负载和硬件配置动态变化，因此创建健壮的线程管理解决方案非常具有挑战性。

尽管如此，大多数并发应用程序仍然使用多线程。但是，这并不意味线程是唯一的编程途径。相反，运行时环境可以在运行时中将其他编程语言的并发构造映射到实际线程。线程池是在各种框架和编程语言中广泛实现和使用的模式。

顾名思义，线程池是在程序启动时创建一组长期运行的工作线程，并将它们放入池中(容器)。当需要执行一个任务时，池会从预创建的线程中取出一个线程来执行任务。开发者无需自己创建线程。将任务发送到线程池类似于将其添加到工作线程的待办列表。

1 Microsoft 文档，“Mailslots”，网址为 https://learn.microsoft.com/en-us/window/win32/ipc/mailslots。

通过线程池重用线程，可以消除创建新线程附带的开销，即使任务出现意外失败(如引发异常)，也不会影响工作线程。当执行任务所需的时间比创建新线程所需的时间短时，重用线程显得尤为有利。

注意

线程池负责创建、管理和调度worker线程，如果处理不当，会变得非常复杂和低效。线程池有不同类型，具有不同的调度和执行方法，并且可以动态地改变池的大小以适应工作量。

例如，在第2章中的破解密码任务，存在大量需要使用多线程处理的任务。通过将可能的密码分成较小的数据块，并将其分配给后台运行的多个线程，可以实现任务的并发处理。在这种情况下，我们需要一个主线程来为后台运行的工作线程生成任务。

为了便于主线程与后台运行的工作线程间进行通信，需要一种存储机制作为实现线程间的连接。这种存储应该按照任务接收的顺序优先处理任务。此外，任何空闲的工作线程都应该能够从此存储中获取并处理下一个可用任务。

如何创建线程间通信呢？

消息队列是池内线程之间的通信方式。在逻辑上，队列由任务列表组成。池中的线程从消息队列中检索任务并以并发方式处理任务。

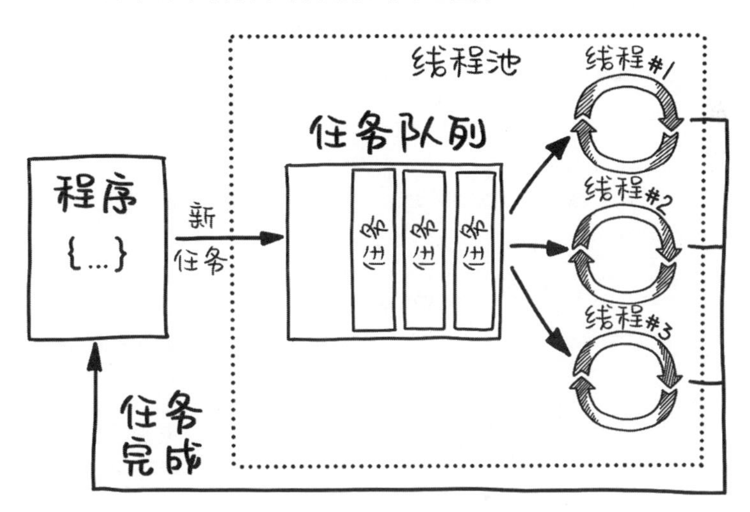

用不同编程语言实现线程池的方式会有所不同。以下示例使用Python实现线程池：

```
# Chapter 5/thread_pool.py
import time
import queue
import typing as T
```

```
from threading import Thread, current_thread

Callback = T.Callable[..., None]
Task = T.Tuple[Callback, T.Any, T.Any]
TaskQueue = queue.Queue


class Worker(Thread):
    def __init__(self, tasks: queue.Queue[Task]):
        super().__init__()
        self.tasks = tasks

    def run(self) -> None:
        while True:
            func, args, kargs = self.tasks.get()
            try:
                func(*args, **kargs)
            except Exception as e:
                print(e)
            self.tasks.task_done()


class ThreadPool:
    def __init__(self, num_threads: int):
        self.tasks: TaskQueue = queue.Queue(num_threads)
        self.num_threads = num_threads

        for _ in range(self.num_threads):
            worker = Worker(self.tasks)
            worker.setDaemon(True)
            worker.start()

    def submit(self, func: Callback, *args, **kargs) -> None:
        self.tasks.put((func, args, kargs))

    def wait_completion(self) -> None:
        self.tasks.join()


def cpu_waster(i: int) -> None:
    name = current_thread().getName()
    print(f"{name} doing {i} work")
    time.sleep(3)
```

worker线程持续从队列中获取任务，运行和任务相关联的函数，完成任务后进行标记

将提交给线程池的任务存储到队列中

创建多个worker线程，并设为后台模式，当主线程退出后，worker线程自动退出。最后，启动线程执行队列中的任务

阻塞调用线程，直到完成队列中的所有任务

```
def main() -> None:
    pool = ThreadPool(num_threads=5)
    for i in range(20):
        pool.submit(cpu_waster, i)

    print("All work requests sent")
    pool.wait_completion()
    print("All work completed")


if __name__ == "__main__":
    main()
```

创建一个有5个worker线程的线程池

向线程池添加20个任务

当创建线程池时，线程池会自动创建若干线程和一个消息队列，用于存储传入的任务。接下来，在主线程中，我们为线程池添加多个任务并等待任务完成。

当新任务到达时，空闲线程会被唤醒，以执行该任务，然后返回到就绪状态。这样可以避免为每个正在进行的任务创建和终止线程而造成的资源开销，还可以将线程管理从开发者的控制中剥离出来，交由更适合优化程序执行的库或操作系统。

注意

查看第5章的文件/library_thread_pool.py，了解Python库是如何实现线程池模式的。

对于大多数并发程序而言，线程池是一个很好的默认选择。但在如下情况中，最好亲自创建和管理线程，而不是使用线程池。

- 需要控制各个线程的优先级。
- 存在一些导致线程长时间阻塞的任务。大多数线程池都有最大线程数的限制，因此大量阻塞线程可能会阻止线程池中的任务启动。
- 需要一个与线程关联的静态标识符。
- 需要为特定任务分配特定线程。

如前所述，接下来将深入研究通信概念，同时对并发程序的执行过程进行总结。

5.3 再次破解密码

接下来，我们利用掌握的新知识，基于池和进程实现第2章中未完成的密码破解程序。使用进程是由于Python在使用线程方面存在限制，[1]但其他编程语言不存在此类问题。代码如下：

1 Python 文档，“线程状态和全局解释器锁”，网址为 http://mng.bz/wvDB。

```
# Chapter 5/password_cracking_parallel.py
def crack_chunk(crypto_hash: str, length: int, chunk_start: int,
                chunk_end: int) -> T.Union[str, None]:
    print(f"Processing {chunk_start} to {chunk_end}")
    (reformat)
    combinations = get_combinations(
        length=length,
        min_number=chunk_ start,
        max_number=chunk_end
    for combination in combinations:
        if check_password(crypto_hash, combination):
            return combination
    return
```

发现密码

未在数据块中发现密码

```
def crack_password_parallel(crypto_hash: str, length: int) -> None:
    num_cores = os.cpu_count()
    print("Processing number combinations concurrently")
    start_time = time.perf_counter()
```

获取系统中可用的CPU内核数

使用独立进程并发处理各个数据块

```
    with Pool() as pool:
        arguments = ((crypto_hash, length, chunk_start, chunk_end) for
                     chunk_start, chunk_end in
                     get_chunks(num_cores, length))
        results = pool.starmap(crack_chunk, arguments)
        print("Waiting for chunks to finish")
        pool.close()
        pool.join()

    result = [res for res in results if res]
    print(f"PASSWORD CRACKED: {result[0]}")
    process_time = time.perf_counter() - start_time
    print(f"PROCESS TIME: {process_time}")
```

关闭池，无法提交新任务

等待完成所有提交的任务，然后继续执行其余程序

```
if __name__ == "__main__":
    crypto_hash = \
        "e24df920078c3dd4e7e8d2442f00e5c9ab2a231bb3918d65cc50906e49ecaef4"
    length = 8
    crack_password_parallel(crypto_hash, length)
```

这段代码中的主线程使用线程池模式创建工作线程，线程数量等于可用的CPU内核数。与第2章中的线程一样，每个工作线程都执行相同的操作，同时处理所有密

码块。输出类似于以下内容：

```
Processing number combinations concurrently
Chunk submitted checking 0 to 12499998
Chunk submitted checking 12499999 to 24999998
Chunk submitted checking 24999999 to 37499998
Chunk submitted checking 37499999 to 49999998
Chunk submitted checking 49999999 to 62499998
Chunk submitted checking 62499999 to 74999998
Chunk submitted checking 74999999 to 87499998
Chunk submitted checking 87499999 to 99999999
Waiting for chunks to finish
PASSWORD CRACKED: 87654321
PROCESS TIME: 17.183910416
```

与原先的顺序实现相比，使用线程池后，速度提高了3倍以上，效果显著！

利用并行硬件能够实现很多工作，但有时只有单个内核可用，所以支持并行的硬件并不常见。但这不是放弃并发的理由，因为这正是并发相较于并行的优势所在。下一章将详细介绍具体内容。

5.4 本章小结

- 线程和进程同步并交换数据的机制称为进程间通信(IPC)。
- 每种IPC机制都存在优缺点。每种机制都是解决特定问题的最佳解决方案。
- 当线程或进程需要高效交换大量数据，但存在访问数据的同步问题时，可以使用共享内存机制。
- 管道提供了高效的生产者—消费者进程间同步通信方式。具名管道提供了简单的接口，用于在同一台计算机或网络上的两个进程之间传输数据。

- 进程或线程之间的消息队列是异步交换数据的一种方式。消息队列用于实现弱耦合系统。
- 套接字是一种双向通信通道，可以使用网络功能。数据通信通过套接字接口进行，而不是通过文件接口。在大多数情况下，套接字提供了最佳的性能、可扩展性和易用性。
- 线程池是一组工作线程的集合，工作线程可以协助程序的主线程高效执行传入的任务。线程池中的工作线程可重复使用，并且在任务失败(如引发异常)时保护工作线程不受影响。

第二篇
并发的章鱼触手：多任务、分解、同步

你是否曾在马戏团观看过杂技演员同时让多个盘子在棍子上旋转？杂技演员能轻松地保持所有盘子协调地旋转。这就是多任务处理的能力！类似地，在并发编程中，我们需要同时处理多个任务，确保每个任务都能得到所需的关注和资源。

第6～9章展示如何将同样的概念应用于创建类似吃豆人的游戏，以及许多其他真实世界的场景。我们将探讨设计并发程序的复杂性，包括多任务处理、任务划分以及颗粒度对性能的影响。

然而，正如“能力越大责任越大”(出自漫画《蜘蛛侠》)，并发可能导致竞争条件、死锁和饥饿。但是不用担心，我们将为你提供解决这些问题的工具，包括互斥、信号量和原子操作等同步技术。就像管弦乐队中的音乐家们一样，成功并发的关键在于协调和同步。本篇甚至解决了像哲学家就餐这样广为人知的问题，并介绍了几种流行模式。阅读完本篇，你将具备设计和优化任何具有挑战的并发程序的知识。

你准备好旋转盘子或者同时处理多个任务了吗？

第6章 多任务

本章内容：

- 诊断程序的性能瓶颈
- 不借助并行硬件，并行执行多任务
- 抢占式多任务方法的优劣势，使用其处理I/O密集型任务

令人惊叹的是，计算机能够同时处理多个应用，而用户仍可以在文本编辑器中工作且不受影响。这是一项经常被忽略的功能，但它是现代计算能力卓越的见证。

你想过计算机是如何完成所有工作且管理这么多任务的吗？更有趣的是，计算机正在处理哪些类型的任务，以及这些任务是如何分类的？

本章将深入探讨并发的概念，探索多任务处理的迷人世界。通过在运行时层引入多任务处理，我们可以更好地理解机器是如何同时处理各种任务。但在深入探讨多任务处理的挑战之前，我们首先需要探究计算机支持处理的任务类型。

6.1 CPU密集型和I/O密集型应用

程序由数值、算术和逻辑运算组成，这些运算需要大量的CPU资源。程序还可以从键盘、硬盘或网络卡中读取数据，并以写入文件、打印到“高速”打印机或发送信号到显示器的形式生成输出。这些操作通过发送和接收信号与设备进行通信。在大多数情况下，这些操作不需要CPU的参与，因为不涉及计算的内容，用户只是在等待设备的响应。这类操作也称为输入输出操作(I/O)。因此，让CPU处理所有任务是没有意义的。首先，用户需要了解负载的类型。

当任务所需的资源成为提高性能的瓶颈时，应用程序就被认为是受到某种资源的制约。主要分为两种主要类型，即CPU密集型和I/O密集型。

6.1.1 CPU密集型

截至本节，本书大部分内容都是讨论CPU密集型程序。如果程序的运行速度随着CPU速度的提升而提高，则认为该程序受CPU限制，即程序大部分时间都在使用CPU进行计算。

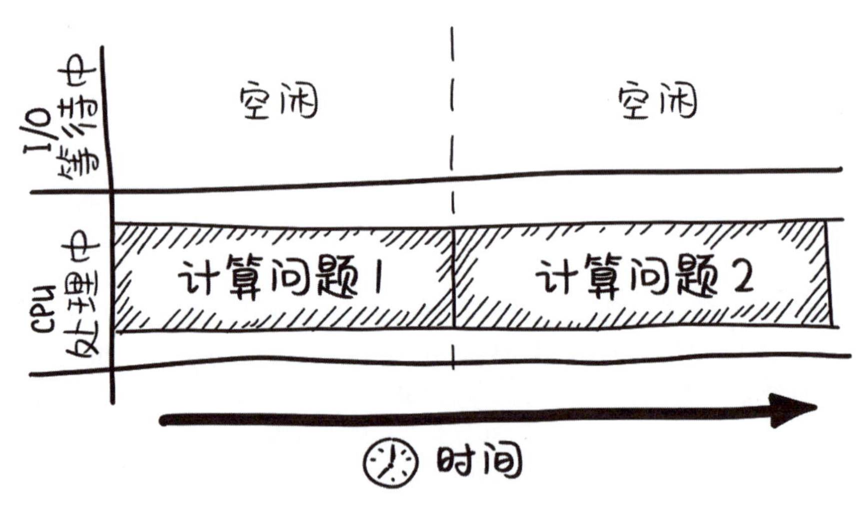

CPU密集型运算的示例如下所示。

- 数学运算，如加法、减法、除法和矩阵乘法。
- 涉及大量计算密集型操作的加密和解密算法，如素数分解和计算密码学函数。
- 图像处理和视频处理。
- 类似二分查找和排序的算法。

6.1.2 I/O密集型

如果I/O子系统效率更高，程序的运行速度也更快，则认为该程序属于I/O密集型。I/O子系统有多种类型，如磁盘读取、获取用户输入或等待网络响应。浏览大文件进行文本搜索的程序会受到I/O的限制，这是因为从磁盘读取大量数据会造成瓶颈。

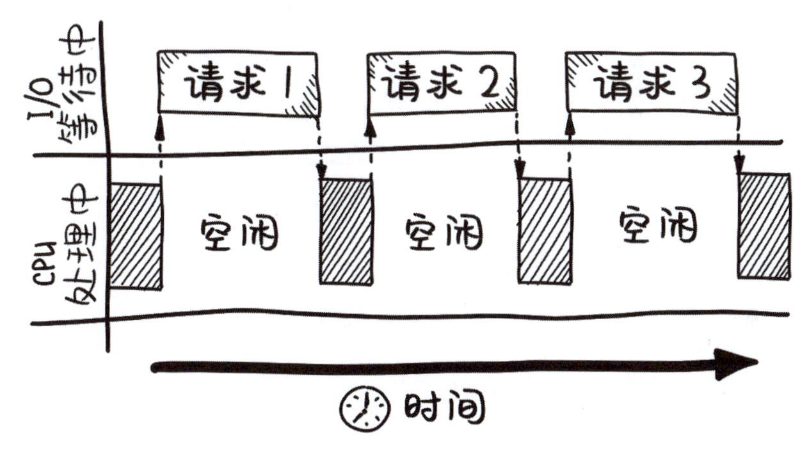

示意图中的空闲部分代表特定任务正在挂起的时间段，因此无法继续执行。一个常见的原因是等待I/O操作完成。但是CPU时间非常宝贵，为执行各种I/O操作，CPU通常只需等待数据从外部设备传入或传出，在此期间CPU不执行其他任务。以下是I/O密集型的常见示例。

- 即使大多数图形用户界面(Graphical User Interface，GUI)不从磁盘读取或写入，GUI也会受到I/O限制，这是因为GUI大部分时间都在等待用户通过键盘或鼠标进行交互。
- 大部分时间进行磁盘I/O或网络I/O的进程，如数据库和网络服务器。

6.1.3 判定性能瓶颈

在判定应用程序的瓶颈时，必须考虑需要改进哪个资源以提升应用程序的性能。这直接与程序的运算和依赖的资源相关。通常，CPU和I/O操作是最重要的问题。

注意

当然，这不仅涉及I/O操作和CPU运算，也可能与内存和缓存相关。但是受篇幅所限，对于绝大多数开发者而言，考虑CPU和I/O的区别就足够了。

设想有两个程序。第一个程序执行两个大型矩阵的乘法运算并返回结果。第二个程序将大量信息从网络写入磁盘文件。显然，这两个程序不会因为更快的CPU时钟速度或增加内核的数量而得到同等的加速。如果大部分时间都在等待下一批数据传输到磁盘，那么内核的数量并不重要。从一个内核增加到一千个内核，无法提升I/O密集型任务的性能。但是，对于CPU密集型任务，并行化程序就能加以利用多个内核。

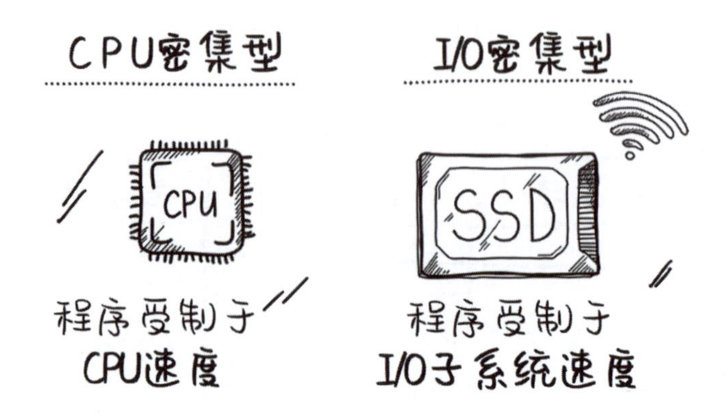

6.2 多任务需求

程序自然更容易受到I/O制约。这是因为经过几十年的发展，CPU速度已经显著提高，支持在给定时间内执行更多的指令，而数据传输速度却相对有限。因此，程序的限制因素通常是阻塞CPU的I/O密集型操作。但是，用户可以识别I/O密集型操作，并在后台执行，大多数现代运行时系统都支持如此操作。

假设你的朋友艾伦在父母家的阁楼上发现了一台陈旧的电子游戏机。这台游戏机有老旧的单核处理器、大尺寸屏幕和摇杆。朋友向你求助，你是他唯一认识的开发者，请求你用这台旧机器帮他实现一个类似吃豆人的游戏。

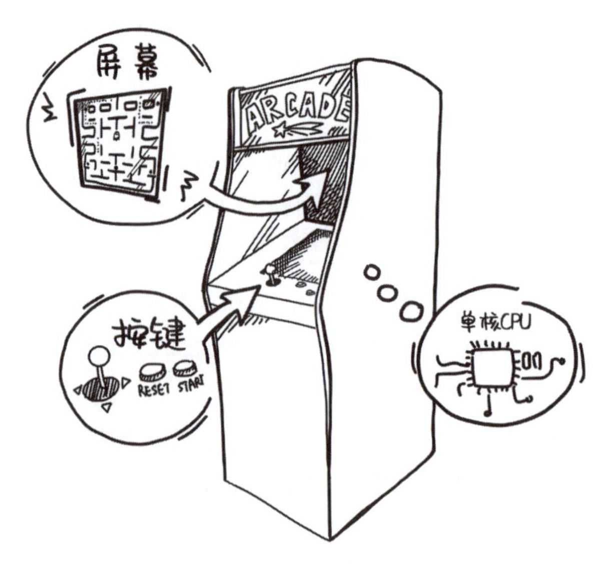

该游戏是交互式的，需要玩家输入来移动游戏中的角色。同时，游戏环境是动态的。幽灵需要在玩家控制角色的同时进行移动。玩家还能够看到游戏环境的变化以及角色的移动。

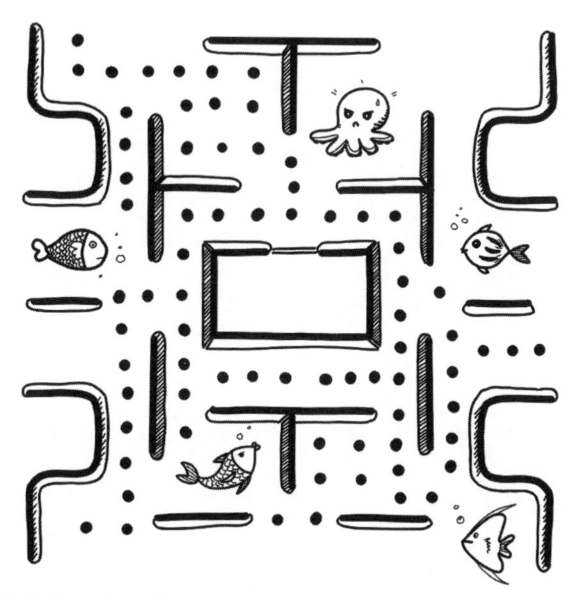

首先，创建游戏的三个函数，如下所示：

- get_user_input() —— 从控制器获取输入并将其保存在游戏的内部状态中。这是I/O密集型操作。
- compute_game_world() —— 根据游戏规则、玩家输入和游戏的内部状态计算游戏环境。这是CPU密集型运算。
- render_next_screen() —— 获取游戏内部状态并在屏幕上渲染游戏环境。这是I/O密集型操作。

有了这三个函数，紧接着面临一个棘手的问题。如何在只有一个老旧的单核CPU的情况下，让玩家体验到许多事件同时发生的感觉。

我们应该如何解决这个问题呢？

通过使用操作系统抽象创建并行程序，利用一个进程和三个线程解决并发问题。因为需要在任务之间共享数据，线程支持共享相同的进程地址空间，因此使用线程更便捷。程序如下所示：

```
# Chapter 6/arcade_machine.py
import typing as T
from threading import Thread, Event

from pacman import get_user_input, compute_game_world, render_next_screen
```

```python
processor_free = Event()
processor_free.set()


class Task(Thread):
    def __init__(self, func: T.Callable[..., None]):
        super().__init__()
        self.func = func

    def run(self) -> None:
        while True:
            processor_free.wait()
            processor_free.clear()
            self.func()


def arcade_machine() -> None:
    get_user_input_task = Task(get_user_input)
    compute_game_world_task = Task(compute_game_world)
    render_next_screen_task = Task(render_next_screen)

    get_user_input_task.start()
    compute_game_world_task.start()
    render_next_screen_task.start()


if __name__ == "__main__":
    arcade_machine()
```

模拟单内核/线程环境

在无限循环内运行函数。循环持续运行，直到程序停止或线程终止

在独立线程中定义和并发执行任务

这段代码初始化了三个线程，每个线程分别对应三个函数中的一个。每个线程中的函数都运行在自身的无限循环中(假设不在单次执行后停止线程)。因此，线程总是处于工作状态，以便玩家可以继续玩游戏。

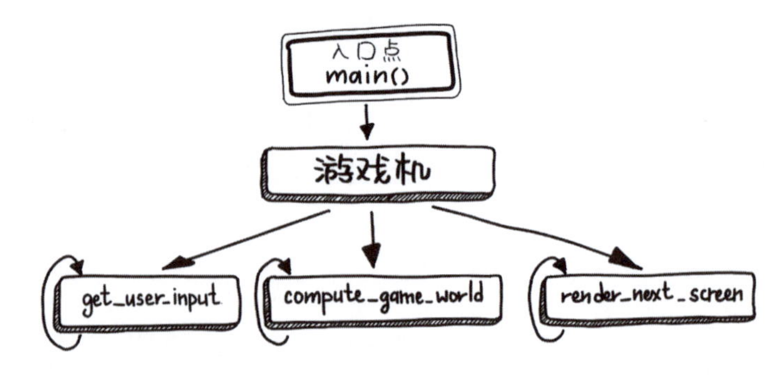

不过，如果启动该程序，它会卡在第一个线程上，并在无限循环中请求用户输入，且不执行其他操作。这是因为CPU只能容纳一个线程。因此，受限于硬件，无

法使用并行。然而，我们可以利用多任务实现并发。

在将多任务应用到游戏机问题之前，需要了解相应的基础知识。接下来，将重点介绍多任务编程。

6.3 多任务概览

生活中有很多多任务场景。例如，散步时听音乐、烹饪时接电话，或在吃饭时阅读书籍时，人们都在进行多任务处理。

多任务是指在同一时间内通过并发执行多个任务。多任务就像马戏团中的转盘杂技演员，在棍子上同时旋转多个盘子。表演者匆忙地从一个盘子跑到另一个盘子，试图使盘子保持旋转，以防它们从棍子上掉落。

在真正的多任务系统中，操作是并行执行，并依赖于适当的硬件支持。然而，即使在旧处理器上，也可以通过编程技巧在表面上实现多任务。

6.3.1 抢占式多任务处理

操作系统的主要任务是资源管理，其中最重要的资源是CPU。操作系统必须安排每个程序在CPU上执行。这意味着CPU能够在一段时间内运行一个任务，然后暂停该任务转而运行另一个任务。问题是，绝大多数编写的应用程序无法注意到其他正在运行的应用程序。因此，操作系统需要一种方法来强制暂停应用程序的执行。

抢占式多任务处理的思想是定义单个任务运行的时间段。运行时间段也称为时间切片，因为操作系统试图为每个正在运行的任务分配一个CPU时间切片。这种调度方法称为时间共享策略。[1]如果任务不执行任何阻塞操作，则CPU将在此时间切片内执行就绪状态下的任务。

当时间切片过期时，调度器会中断任务(即抢占任务)，并让另一个任务在其位置上运行，让第一个任务等待再次运行。中断是一个信号，指示CPU停止任务并稍后恢复运行。有三种类型的中断：硬件中断，由专用的中断控制器引起(如按下键盘或完成写入文件)；由应用程序本身引起的软件中断(如系统调用)；以及由错误和计时器中断。

1 如果你对这个话题感兴趣且想了解更多相关内容，这里有一个关于该主题的优质视频：“1963 年时分复用：解决计算机瓶颈问题”，网址为 https://youtu.be/Qo7PhW5sCEK。

假设处理器为每个正在运行的任务分配一小段时间，然后在它们之间快速地切换，使每个任务以交错的方式执行。通过快速切换并将控制权传递给队列中的任务，操作系统创建了多任务执行的假象，尽管任何给定时间内只有一个任务在执行。下图展示了同时执行三个任务的模型。时间从左到右移动，线条表示任何给定时间内正在执行的任务。

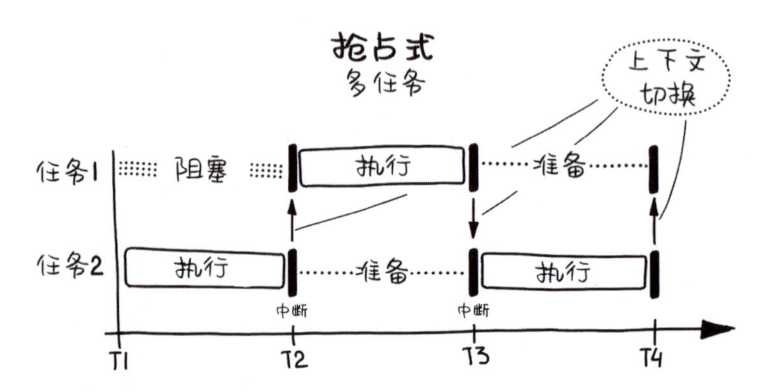

经过近十年的发展，大多数操作系统都提供了抢占式多任务处理(第12章中将对比抢占式与合作式多任务处理)。目前的Linux、macOS或Windows，都提供了抢占式多任务处理功能。为了更好地理解如何实现多任务，接下来将再以游戏机为例进行讲解。

6.3.2 抢占式多任务游戏机

有两个I/O密集型操作，二者在等待事件发生时会阻塞CPU。例如，正在等待玩家按下手柄按钮的`get_user_input_task`线程。

此外，游戏机还有一颗老旧的单核CPU，但与人类反应速度相比，这颗CPU仍然很快。对于CPU而言，人类移动手指按下按钮所需要的时间较为漫长。最快的是人类的意识反应速度，大约需要0.15 s。对于2 GHz的处理器而言，它可以在同样的时间内执行3000万个周期，这大约相当于指令的数量。当等待输入(玩家按下按钮)时，会浪费CPU计算资源，因为CPU内核在此期间不执行其他任务。因此可以利用这段空闲的CPU时间，将控制权转移给计算任务。

开发者要做的是实现部分操作系统。可以通过抢占式多任务实现，即为每个线程分配CPU运行时间，然后将处理器转移给下一个线程。使用简单的时间共享策略，将所有可用的CPU时间划分为等长的时间切片。

这时，定时器就发挥了作用。定时器以固定的时间间隔进行计时，可以设置在一段时间后触发中断。中断会暂停当前的线程，让另一个线程使用处理器。程序示意图如下所示。

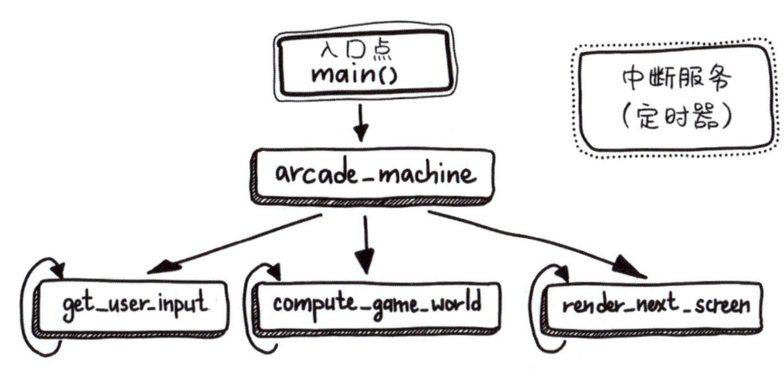

在实施时间共享策略时，运行时系统将处理器时间划分为时间切片，并将其分配给线程，造成一种线程并发运行的假象。

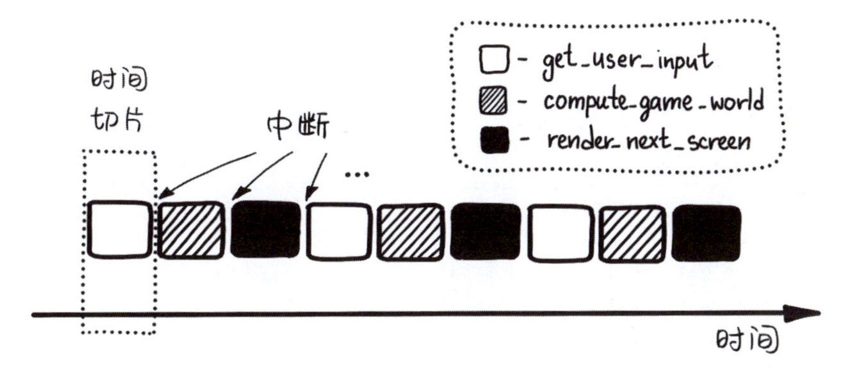

代码实现如下所示：

```
# Chapter 6/arcade_machine_multitasking.py
import typing as T
from threading import Thread, Timer, Event

from pacman import get_user_input, compute_game_world, render_next_
screen

processor_free = Event()
processor_free.set()
TIME_SLICE = 0.5        # 定义时间切片


class Task(Thread):
    def __init__(self, func: T.Callable[..., None]):
        super().__init__()
        self.func = func
```

```
    def run(self) -> None:
        while True:
            processor_free.wait()
            processor_free.clear()
            self.func()


class InterruptService(Timer):
    def __init__(self):
        super().__init__(TIME_SLICE, lambda: None)

    def run(self):
        while not self.finished.wait(self.interval):
            print("Tick!")
            processor_free.set()
def arcade_machine() -> None:
    get_user_input_task = Task(get_user_input)
    compute_game_world_task = Task(compute_game_world)
    render_next_screen_task = Task(render_next_screen)

    InterruptService().start()
    get_user_input_task.start()
    compute_game_world_task.start()
    render_next_screen_task.start()


if __name__ == "__main__":
    arcade_machine()
```

为处理器设置定时器，用于打断处理器

通过将线程放入无限控制循环，以交错方式为每个线程提供CPU时间切片，这段代码实现了多任务处理。如果交错发生得足够快(如10 ms)，玩家会获得任务同时执行的假象。对于玩家而言，似乎游戏的全部注意力都集中在他们身上，但实际上处理器和整个计算机系统在当前时刻可能正在处理完全不同的任务。由于线程切换速度极快，玩家会获得并行执行的假象。

因此，从物理上而言，由于处理资源有限，这段代码仍然属于串行执行。但是，从概念上而言，所有三个线程都在运行，属于并发执行。

并发计算具有重叠的时间段。正如所示，使用适当的硬件可以实现真正的并行，即物理上同时执行任务，而多任务处理将重叠执行抽象为运行时系统。因此，真正的并行本质上是执行的实现细节，而多任务处理只是计算模型的一部分。

这里遗漏了一个陷阱，详见下节。

6.3.3 上下文切换

任务执行上下文包含当前运行的代码(指令指针)，以及有助于在CPU内核上执行代码的所有信息(CPU标志、关键寄存器、变量、打开的文件、连接等)。在代码恢复执行之前，必须将其重新加载到处理器中。因此，上下文切换是在不会丢失的数据的情况下将一个任务上下文切换到另一任务上下文的物理行为，以便可以恢复到切换时的同一时刻。从等待队列中选择的任务转变为正在运行状态。

假设你正在与朋友开心地聊天，手机突然响起，中断了谈话。你对朋友说“等一下”，然后接听电话。现在，你就进入了一个新对话，即一个新的上下文。当你确定了来电者的身份以及他们的需求时，你可以关注他们的请求。当通话结束后，你回到初始对话。有时你会忘记原先的上下文，但是一旦朋友提醒你对话的内容，你就可以继续下去。这个过程发生得很快，但不是瞬间发生的。

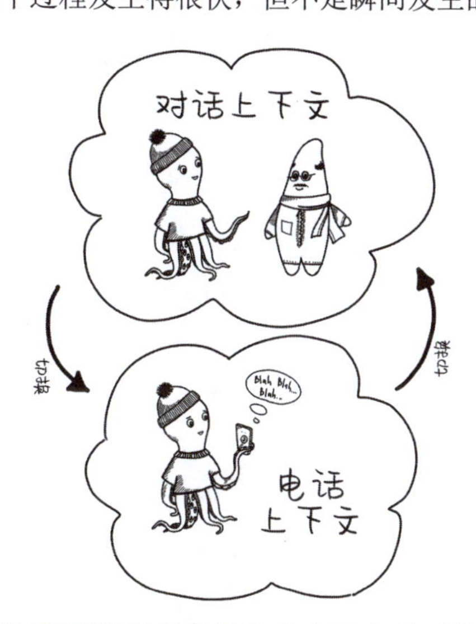

与人们一样，处理器需要找到任务所在的上下文并对其进行重建。从任务角度来看，周围的一切都与之前相同。无论任务是刚开始还是25分钟前开始并不重要。上下文切换是由操作系统执行的过程，它是操作系统多任务功能的关键机制。

上下文切换开销较高，因为切换需要系统资源。从一个任务切换到另一个任务需要执行一定的操作。首先，必须将正在运行的任务上下文保存到某处，然后开始新任务。如果新任务已经在进行中，则新任务也有存储的上下文，在可以继续执行任务之前必须预加载上下文。当完成新任务后，调度器保存其最终上下文，并恢复抢占任务的上下文。抢占任务恢复执行，就好像未曾中断(除了时间偏移)。

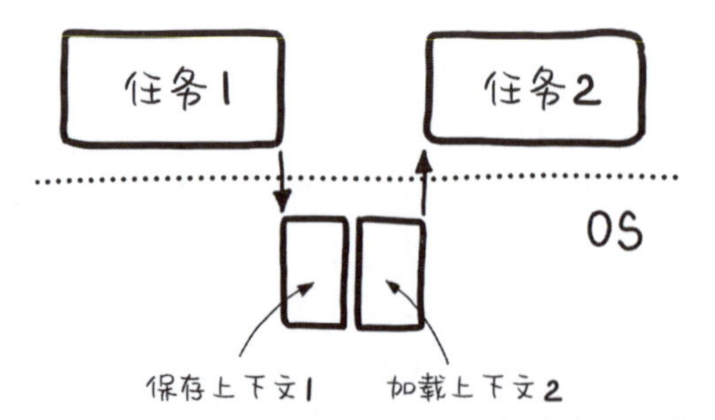

在切换上下文时，涉及保存和恢复状态的开销会消耗系统资源，并且会对程序性能产生负面影响。这是因为应用程序在切换上下文时会失去执行指令的能力。这完全取决于程序正在执行的操作类型。

注意

上下文切换期间产生的延迟量会受到各种因素的影响，使用LMbench(https://lmbench.sourceforge.net)对笔者的笔记本电脑进行测试，发现上下文切换延迟约为800 ~ 1300 ns。鉴于硬件能够每纳秒每核平均执行12条指令，上下文切换的成本约为9,000 ~ 15,000条执行指令。

在应用程序中使用多个任务时需谨慎，因为运行的任务过多会降低系统性能。系统会在上下文切换循环中浪费大量有用时间。

理解了多任务处理的原理后，接下来将其集成到运行时环境中，并与并发概念相结合。

6.4 多任务环境

在计算机诞生的早期，由于操作系统和程序不是为多任务而设计的，人们并不认为可以在单台机器上同时执行多个任务。用户每次都必须退出一个应用，然后才能打开一个新应用。

如今，运行时系统以并发方式执行多个任务的能力已经成为最重要的需求。人们通过多任务处理实现这一要求。虽然多任务处理没有实现真正的并行处理，并且切换任务会产生一定开销，但交错执行提供了显著的处理效率和程序结构化优势。

对于用户而言，多任务系统的优势在于能够同时运行多个程序。例如，用户可以在一个应用中编辑文档，同时在另一个应用中观看电影。

对于开发者而言，多任务处理的优势在于能够使用多个进程创建应用程序，并使用多个执行线程创建进程。例如，一个进程用一个用户界面线程处理用户交互(键盘和鼠标输入)，而工作线程则等待用户输入的同时执行计算任务。

将任务的调度和协调委托给运行时系统简化了开发过程，同时支持灵活透明地适配不同的硬件或软件架构。开发者可使用不同的运行时环境(计算机操作系统，物联网运行时环境，制造业操作系统等)，针对不同目的进行优化。例如，最小化电力消耗可能需要不同于最大化吞吐量的调度器。

注意

在20世纪60和70年代，出现了如IBM的OS/360和UNIX等多任务操作系统，支持在单台计算机上运行多个程序。但是，这需要更多实际可用的内存。为了解决这个问题，人们开发了虚拟内存技术，这是一种临时将数据从RAM转移到磁盘存储器的技术，使计算机可以使用超出其物理限制的内存。这项技术使计算机能够同时运行更多程序，虚拟内存仍然是现代操作系统中必不可少的组件。

6.4.1 多任务OS

在多处理器环境中，通过将不同的任务分配给可用的CPU内核，以增强多任务处理能力。CPU的任务主要是执行机器指令，不涉及进程或线程的任何信息。因此，从CPU的角度来看，只有一个执行线程，即从操作系统接收所有传入的机器指令并串行执行。为了实现这一点，操作系统使用了线程和进程抽象。当单个处理器内核上有多个正在运行的线程时，操作系统的任务是以某种方式调度线程，为用户模拟并行执行，使线程并发运行。

多任务处理是运行时系统级别的功能，硬件层面上不存在多任务处理的概念。然而，实现多任务处理存在挑战，通常需要运行时系统具有强大的任务隔离和高效的任务调度器。

6.4.2 任务隔离

根据多任务处理的定义，操作系统中存在多个任务。为此，操作系统引入了进程和线程抽象。如果要创建运行时系统，则情况可能会有所不同。

创建多任务方法主要有两种，如下所示。

- 单个进程与多个线程。
- 多个进程，每个进程各有一个或多个线程。

如前所述，每种方法都有其优缺点，但它们都在不同程度上提供了任务执行隔离。操作系统负责管理抽象如何映射到计算机系统的物理线程，以及如何在硬件上执行线程。

操作系统对硬件工作方式进行了抽象，使系统仿佛只有单个内核。操作系统也为开发者营造了一种假象，即操作系统的工作方式并非如此。因此，即使系统无法使用并行，开发者仍然可以使用并发编程并利用操作系统的多任务处理。以这种方式分解的程序可以完全控制处理器。

通常，相比于多个进程，创建拥有多线程的单个进程来实现多任务处理的效率更高，原因如下：

- 由于进程的开销比线程大(进程上下文比线程上下文大)，系统可以更快地为线程执行上下文切换。
- 所有进程线程共享地址空间，并可以访问全局进程变量，简化线程间通信。

6.4.3 任务调度

调度器是多任务操作系统的核心。调度器从系统中处于就绪状态的所有任务中选择下一个应该执行的任务。

调度执行应确保始终有程序在运行，以更好地利用处理器时间。如果系统中的任务比处理器多，则某些任务并不总是在运行，而是处于就绪状态等待。下一时刻应该执行哪个任务是调度器根据就绪运行任务信息做出的基本决策。

由于调度器要分配有限资源(CPU时间)，因此它遵循的逻辑是平衡冲突目标和优先级。典型目标是最大化吞吐量(系统在一段时间内可以处理的任务数)、公平性(优先考虑或对齐计算)、最小化响应时间(完成操作所需的时间)或延迟(反应更快)。

调度器可以强制从任务中夺取控制权(例如，通过计时器或当出现优先级更高的任务时)，或者等待任务显式(通过调用系统过程)或隐式地(当任务完成时)将控制权交还给调度器。这意味着调度器在任何给定时间选择执行哪个任务都是不可预测的。因此，开发者不应根据过去的行为编写程序，因为无法保证程序每次都会发生。相反地，我们必须控制任务的同步和协调来实现应用程序的确定性。后续章节将讨论这一点。

最重要的是，调度器为提升系统性能提供了新途径，且无需修改程序。当然，在应用程序和操作系统之间引入额外的层会增加执行开销。为了使调度器生效，运行时环境提供的性能优势必须超过运行时管理的开销。

注意

本章着重关注操作系统，但其他运行时环境同样实现了相同的多任务概念。例如，JavaScript和Python这类在事件循环中具有单线程的语言，使用了多任务处理和`await`关键字。V8是目前市面上最高效的JavaScript执行引擎，而Go编程语言以其可扩展性和内存占用小而闻名，二者都在操作系统之上(用户级)执行多任务处理。我们在第12章介绍协同多任务处理和异步通信时会接触到这个话题。

6.5 本章小结

- 基于使用最多的资源，程序中有两种瓶颈类型，即CPU密集型和I/O密集型。
- CPU密集型运算主要依赖处理器资源完成其计算。在这种情况下，系统计算的速度是限制因素。
- I/O密集型操作主要是I/O，不依赖计算资源，如等待磁盘操作完成或外部服务回答请求。在这种情况下，硬件速度是限制因素，如磁盘读取数据的速度或网络传输的速度。
- 上下文切换是一种在一个任务的上下文和另一个任务的上下文之间互换的物理行为，以便稍后可以恢复到切换时的相同时刻。上下文切换是由操作系统处理的过程，它是提供操作系统多任务处理的关键机制。
- 上下文切换是有代价的，因此当应用程序中有多个任务时应当小心。如果运行的任务过多，则系统性能会降低，即系统会在上下文切换循环中浪费大量可用时间。
- 并发执行多个任务是运行时系统至关重要的能力。运行时系统通过多任务处理解决任务。多任务处理控制任务交错并交替执行。通过不断切换任务，系统可以维持多个任务同时执行的假象，尽管实际上任务并未并行执行。
- 多任务处理是指在一段时间内通过并发执行多个任务。多任务处理是运行时系统级别的功能，在硬件层面上没有多任务处理的概念。
- 在抢占式多任务中，调度器优先考虑任务并强制任务将控制权传递给其他任务。
- 通过创建拥有多线程的单个进程来实现多任务通常比创建多个进程更高效。
- 重要的是，运行时系统调度器应区分I/O密集型和CPU密集型，确保充分利用系统资源。

第7章 分解

本章内容：

- 将程序高效分解为独立的任务
- 使用流行的并发模式创建并发应用：管道、映射、fork/join和map/reduce模式
- 选择应用程序的颗粒度
- 使用聚类降低通信开销，提升系统性能

在前面章节提到过，并发编程意味着将问题分解为独立的并发单元或任务。如何将问题分解为并发任务是一个较为困难但重要的步骤。使用并发编程方法自动分解程序具有较高难度。因此，在大多数情况下，分解工作落在开发者的肩膀上。

本章讨论了设计并发应用程序的方法和流行的编程模式，并探讨了并发的应用层，重点关注如何挖掘任务的独立性以及如何构造和设计程序，而不是如何执行程序(只是进行简要介绍)。

7.1 依赖分析

将问题分解为并发任务是编写并发程序的首要步骤，也是并发编程的关键。将编程问题分解为多个任务时，要牢记各任务之间可能会存在依赖性。因此，分解问题的第一步是找出其组成部分的任务依赖性，并识别独立任务。方法之一是构建任务依赖图，对程序各任务之间的关系进行建模。

依赖图可以描述任务之间的关系。下面以熬制鸡汤为例进行说明。鸡汤需要煮鸡做汤，去掉骨头，切萝卜，切芹菜，切洋葱，并将这些材料混合到汤中，直到鸡肉变软。必须完成前面所有任务后，才能开火。每个步骤都代表一个任务，从结果倒推出每个任务依赖项，绘制依赖图，如下所示。

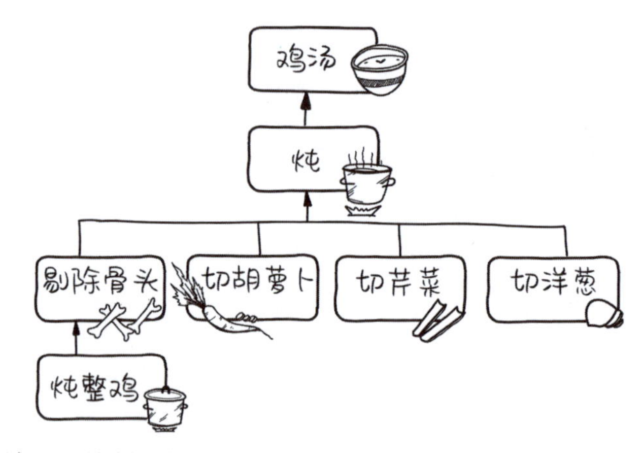

有多种方法可以绘制计算图，计算图的目的是提供程序的抽象表示。计算图有助于可视化任务之间的关系和依赖性。每个节点代表一个任务，边代表依赖关系。

依赖图还可用于了解程序的并发性。如果没有边连接做汤和切蔬菜任务，表明在此环节可能存在并发性。因此，如果可以使用线程实现此程序，则可以创建四个单独的线程：一个用于做汤，三个用于切蔬菜。四个线程都可以同时执行。在运行时系统中调度单个任务时使用了相同的概念。

构建依赖图是程序或系统设计的第一步，有助于识别可以并发执行的工作部分。在依赖图阶段忽略了实际实现问题，如可用的处理器或内核数量。所有的注意力都集中在原始问题的可能并发性上。初步了解了依赖图后，接下来我们再从不同角度分析依赖图。

代码中的两种依赖关系是控制依赖关系和数据依赖关系。将问题分解为较小任务的相应方法是任务分解和数据分解。

7.2 任务分解

任务分解是将问题分解为可以并行执行的独立功能，更简单地说，是将问题分解为一些可以同时进行的任务。

假设最近下了一场大雪。你想通过铲雪和撒盐来清理房子周围的区域。朋友赶来帮忙，但只有一把铲子。因此，一个人在铲雪，另一个人在等待。虽然等待过程是有意义的，但是由于资源(铲子)有限，不会加快清雪速度，反而会减慢。由于上下文切换的开销，使这个过程变得低效，因为换铲子会时不时中断铲雪过程。

为了实现清雪目标，你让朋友进行另一个子任务。你用唯一的铲子铲雪，朋友撒盐。通过消除等待铲子的时间，清雪工作变得更加高效。这就是任务分解(也称为任务并行)带来的效果。

这是一个按功能将问题分解成任务的示例。但是任务分解往往很模糊，不仅复杂，也很主观。

任务分解意味着根据程序功能将程序分解为功能上独立的任务。当要解决的问题包含不同类型的任务时，可以进行功能分解，每个任务都能够独立解决。

例如，电子邮件管理程序应具有许多功能要求。标准功能包括用户界面、可靠地接收新电子邮件的方法，以及用户撰写、发送和搜索电子邮件。

查找电子邮件和列出电子邮件的用户界面任务依赖相同的数据，但彼此完全独立，因此可以将它们分解成两个任务并独立执行。发送和接收电子邮件也是如此。例如，可以使用不同的处理器，每个处理器都使用相同的数据，但同时执行不同的任务。

在任务分解中，不同任务的功能各不相同，涉及的操作范围很广。因此，任务分解只能用于多指令流多数据流和多指令流单数据流系统。

7.3 任务分解：流水线模式

任务分解中最常见的模式是流水线处理。流水线处理的本质是将算法分解为若干独立且连续的步骤。然后，将流水线步骤分布到不同的内核中。每个内核就像是装配线上的工人。完成工作后，内核将结果传递给下一个内核，同时接收新的数据块。因此，内核可以同时执行多个数据块，即使其他计算仍在进行，也可以开始新的计算。

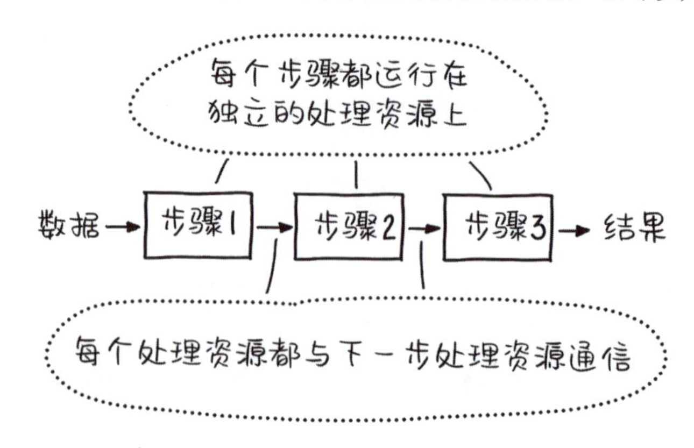

注意

还记得之前讨论过的无限CPU执行循环吗？单条指令的执行包括获取指令、解码、执行和存储结果等步骤。在现代处理器中，应如此设计各阶段，以便在底层使用流水线执行指令。

第2章介绍了洗衣服的案例。为了让这个例子更加真实，除了洗衣服需要相当长的时间，还需要把衣服烘干，然后叠好。肯定没人想穿着皱皱巴巴的衣服去夏威夷！

如果不使用流水线处理，使用一台洗衣机和烘干机来洗涤、烘干和折叠四批衣服，看起来就如下图所示。

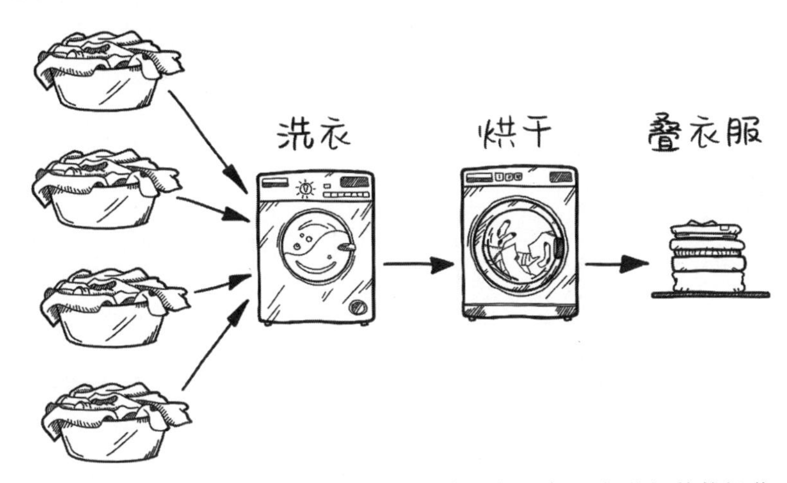

采用这种方法，资源(洗衣机、烘干机)的使用率不高。当进行其他操作时，资源有时会处于空闲状态。

使用流水线可确保不间断地使用洗衣机和烘干机，从而不浪费任何时间。将洗衣的三个步骤分解成三个不同的工人，即洗衣机、烘干机和折叠器。每个工人都锁定一个共享资源。

第一批衣服洗完后，可以放入洗衣机洗涤。从洗衣机中拿出洗好的衣服后，转移到流水线的下一个阶段，即烘干机。同时，当第一批衣服在烘干机中烘干时，第二批衣服可以开始洗涤，因为洗衣机此时处于空闲状态。

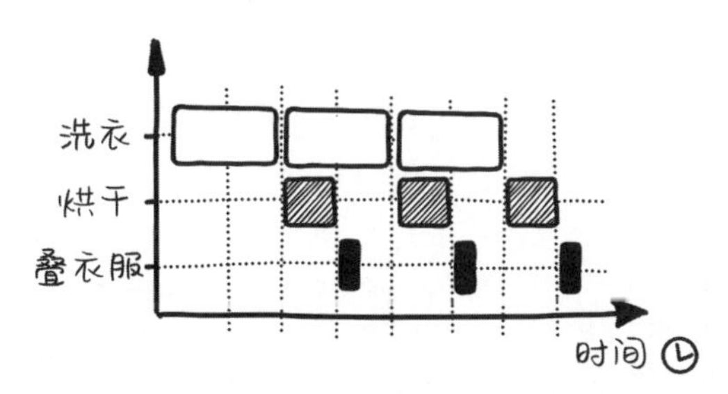

并发出现在第二批衣服通过流水线，且同时执行第一批衣服的情况下。之前将衣服分批的操作无疑对处理速度产生了正面影响。

注意

大数据领域中最受欢迎的模式是“提取、转换和加载”(Extract，Transform，Load，ETL)。这是一种流行的范例，用于收集和处理来自各种来源的数据，以实现流水线模式。使用ETL工具，从数据源中提取数据并将其转换为结构化信息，然后将其加载到目标数据仓库或其他目标系统中。

要在代码中实现流水线需要两种方法，即创建独立运行任务的方法和任务之间通信的方法。这时，线程和队列就发挥了作用。实现流水线的代码如下所示：

```
# Chapter 7/pipeline.py
import time
from queue import Queue
from threading import Thread

Washload = str


class Washer(Thread):
    def __init__(self, in_queue: Queue[Washload], out_queue: Queue[Washload]):
        super().__init__()
        self.in_queue = in_queue
        self.out_queue = out_queue

    def run(self) -> None:
        while True:
            washload = self.in_queue.get()              # 从上一阶段获取衣服
            print(f"Washer: washing {washload}...")
            time.sleep(4)                               # 模拟洗衣过程
            self.out_queue.put(f'{washload}')           # 将衣服发送到下一阶段
            self.in_queue.task_done()


class Dryer(Thread):
    def __init__(self, in_queue: Queue[Washload], out_queue: Queue[Washload]):
        super().__init__()
        self.in_queue = in_queue
        self.out_queue = out_queue
    def run(self) -> None:
        while True:
            washload = self.in_queue.get()              # 从上一阶段获取衣服
            print(f"Dryer: drying {washload}...")
            time.sleep(2)                               # 模拟烘干过程
            self.out_queue.put(f'{washload}')           # 将衣服发送到下一阶段
            self.in_queue.task_done()
```

```
class Folder(Thread):
    def __init__(self, in_queue: Queue[Washload]):
        super().__init__()
        self.in_queue = in_queue

    def run(self) -> None:
        while True:
            washload = self.in_queue.get()
            print(f"Folder: folding {washload}...")
            time.sleep(1)
            print(f"Folder: {washload} done!")
            self.in_queue.task_done()


class Pipeline:
    def assemble_laundry_for_washing(self) -> Queue[Washload]:
        washload_count = 8
        washloads_in: Queue[Washload] = Queue(washload_count)
        for washload_num in range(washload_count):
            washloads_in.put(f'Washload #{washload_num}')
        return washloads_in

    def run_concurrently(self) -> None:
        to_be_washed = self.assemble_laundry_for_washing()
        to_be_dried: Queue[Washload] = Queue()
        to_be_folded: Queue[Washload] = Queue()

        Washer(to_be_washed, to_be_dried).start()
        Dryer(to_be_dried, to_be_folded).start()
        Folder(to_be_folded).start()

        to_be_washed.join()
        to_be_dried.join()
        to_be_folded.join()
        print("All done!")


if __name__ == "__main__":
    pipeline = Pipeline()
    pipeline.run_concurrently()
```

从上一阶段获取衣服

模拟叠衣过程

将衣服发送到下一阶段

将洗衣批次组成队列，以正确顺序启动线程，使用队列连接

等待队列中的所有任务完成

我们实现了三个主要类：Washer、Dryer和Folder。在这个程序中，每个函数都在单独的线程上并发运行。输出结果如下：

```
Washer: washing Washload #0...
Washer: washing Washload #1...
Dryer: drying Washload #0...
```

```
Folder: folding Washload #0...
Folder: Washload #0 done!
Washer: washing Washload #2...
Dryer: drying Washload #1...
Folder: folding Washload #1...
Folder: Washload #1 done!
Washer: washing Washload #3...
Dryer: drying Washload #2...
Folder: folding Washload #2...
Folder: Washload #2 done!
Dryer: drying Washload #3...
Folder: folding Washload #3...
Folder: Washload #3 done!
All done!
```

因为可以同时洗更多的衣物，流水线模式比一次洗一批的方式效率更高。假设洗衣服需要三个步骤，并且这三个步骤分别需要20分钟、10分钟和5分钟。如果这三个步骤串行执行，那么每隔35分钟就可以完成一批洗涤。

使用流水线模式，你可以在35分钟内完成第一批洗涤，之后每隔20分钟完成一批洗涤，因为第一批洗涤完成后，第二批洗衣就会进入洗涤阶段，而第一批衣服正在烘干。因此，第一批衣服在洗涤开始35分钟后离开流水线，第二批衣服在55分钟后，第三批衣服在75分钟后，以此类推。

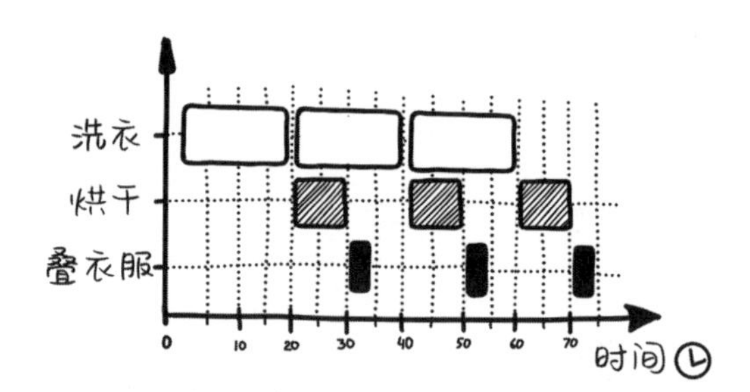

流水线处理似乎可以很轻松地替换为并行处理。但即使在这个示例中，为了保持并行，也需要拥有四台洗衣机和四台烘干机。但这是不可能的，因为设备成本高昂且可用空间有限。

在共享资源数量有限的情况下，流水线机制能控制特定流水线步骤中需要的线程数(如线程池)，而不会因线程闲置造成资源浪费。这就是当共享资源数量有限时，流水线最实用的原因。

注意

例如，文件系统在过载之前，通常可以处理有限的并发读/写请求。也就是说，存在并发线程的上限值。

流水线处理通常与其他分解方法(如数据分解)结合使用。

7.4 数据分解

数据分解是另一种常用的并发编程模型，能让开发者将同一操作应用于多个元素的集合，从而实现并发。例如，将数组中所有元素乘以2，或增加工资超过税率分级的所有公民的税费。每个任务使用自身数据，执行相同的指令集。

数据分解回答的问题是“如何将任务数据分解成可以独立处理的数据块”。因此，数据分解基于数据，而不是任务类型。

再次回到铲雪问题。只有一把铲子，目标是清除房子周围区域的雪。但是，如果有两把铲子，就可以将全部区域(数据)分成两个区域(数据块)，利用在不同数据上操作的独立性，相互独立地并行铲雪。

数据分解是通过将数据分成数据块来完成的。由于数据块上的每个操作都可以视为一个独立的任务，因此产生的并发程序由各类操作的序列组成。在第3章的密码破解示例中已经使用了数据分解。存在可能性的密码(数据)会被均匀地分解成独立的组(任务的部分)，并在不同的计算资源上进行处理。

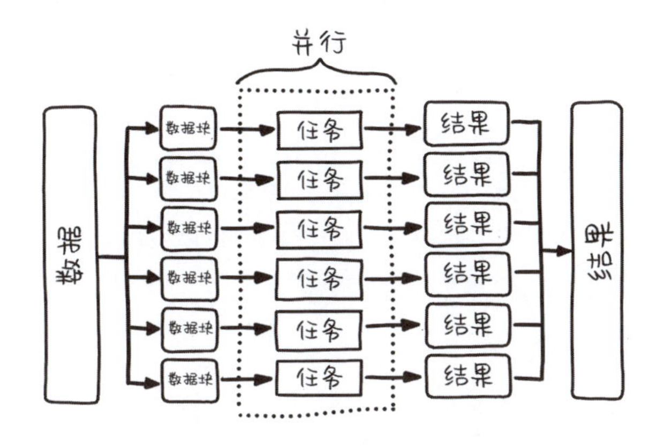

注意

尽管本章讨论的并发是在应用层，但数据分解更依赖于硬件层的实际并行。如果缺少硬件支持，使用数据分解就没有太大意义。

数据分解可以通过在分布式系统中，将工作分配给多台计算机或单台计算机的不同处理器内核来实现并行。无论输入数据的总量如何，我们总是可以通过水平扩展资源以提高系统性能，因为特定的分布式系统可以同时在所有可用的计算资源上执行相同的步骤。这听起来很熟悉，类似于单指令流多数据流(SIMD)架构，而SIMD架构最适合此类任务。

7.4.1 循环级并行

最适合使用数据分解的程序是支持执行独立操作的程序，该操作可以应用于每个数据块。在通常情况下，任何形式的循环(for循环、while循环和for-each循环)都非常适合数据分解，这也是数据分解还被称为循环级并行的原因。循环级并行是一种常用的方法，用于从循环中提取并发任务。有些编译器甚至可以自动实现循环级并行，将程序的顺序部分自动转换为等效语义的并发代码。

假设你想创建一个应用程序，用于在计算机上搜索包含某个词的文件。用户输入一个文件路径和要搜索的文本字符串，程序则输出包含搜索词的文件名。

如何实现该应用程序呢？

如果在不使用并发的情况下以简单的顺序形式实现程序，则程序是一个简单的for循环：

```python
# Chapter 7/find_files/find_files_sequential.py
import os
import time
import typing as T


def search_file(file_location: str, search_string: str) -> bool:
    with open(file_location, "r", encoding="utf8") as file:
        return search_string in file.read()


def search_files_sequentially(file_locations: T.List[str],
                              search_string: str) -> None:
        result = search_file(file_name, search_string)
        if result:
            print(f"Found word in file: `{file_name}`")
if __name__ == "__main__":
    file_locations = list(
        glob.glob(f"{os.path.abspath(os.getcwd())}/books/*.txt"))
    search_string = input("What word are you trying to find?: ")

    start_time = time.perf_counter()
    search_files_sequentially(file_locations, search_string)
```

创建用于搜索的文件位置列表

从用户获取搜索词

```
    process_time = time.perf_counter() - start_time
    print(f"PROCESS TIME: {process_time}")
```

要使用此脚本，需要在提示符后输入要搜索的文件目录和搜索词。该脚本将在指定目录的所有文件中搜索该单词，并打印包含该单词的任何文件的名称。示例输出如下：

```
What word are you trying to find?: brillig
Found string in file: `Through the Looking-Glass.txt`
PROCESS TIME: 0.75120013574
```

观察这段代码，可以看到，在for循环中，每次迭代都是对不同的数据(文件)执行相同的操作，这些操作彼此独立，不需要在完成处理文件*N*后才能处理文件*N*+1。那么，为什么不能分离这些数据块，并在多个线程中同时处理文件呢？代码如下：

线程并发搜索相同单词

```
# Chapter 7/find_files/find_files_concurrent.py
import os
import time
import typing as T
from multiprocessing.pool import ThreadPool


def search_file(file_location: str, search_string: str) -> bool:
    with open(file_location, "r", encoding="utf8") as file:
        return search_string in file.read()


def search_files_concurrently(file_locations: T.List[str],
                              search_string: str) -> None:
    with ThreadPool() as pool:
        results = pool.starmap(search_file,
                               ((file_location, search_string) for
                                file_location in file_locations))
        for result, file_name in zip(results, file_locations):
            if result:
                print(f"Found string in file: `{file_name}`")


if __name__ == "__main__":
    file_locations = list(
        glob.glob(f"{os.path.abspath(os.getcwd())}/books/*.txt"))
    search_string = input("What word are you trying to find?: ")

    start_time = time.perf_counter()
    search_files_concurrently(file_locations, search_string)
    process_time = time.perf_counter() - start_time
    print(f"PROCESS TIME: {process_time}")
```

此代码使用多线程在给定路径及其子路径下的所有文件中搜索指定词。示例输出如下所示：

```
Search in which directory?: /Users/kirill/books/
What word are you trying to find?: brillig
Found string in file: `Through the Looking-Glass.txt`
PROCESS TIME: 0.04880058398703113
```

注意

在此示例中，我们希望使用所有可用的CPU内核同时处理多个文件。但是，从硬盘获取文件属于I/O操作，因此在开始执行时数据不在内存中。即使利用并行硬件，也可能无法同时处理数据块。然而，使用循环级并行，程序至少可以在读取一个数据块后立即开始高效执行。甚至单线程执行系统也能有所提升，因为它能立即完成任务。

在示例代码中，线程在不同的迭代和数据块上执行相同的工作。*N*个线程可以同时处理1/*N*个数据块。

7.4.2 映射模式

本节实现了一种新的编程模式，即映射模式。映射模式的想法基于函数式编程。它将单个操作应用于集合中的所有元素，所有单独的任务都是独立处理的，并且没有副作用(不改变程序状态，只是将输入数据转换为输出数据)。

映射模式用于解决令人尴尬的并行任务，即可以分解成独立子任务的并行任务，这些子任务不需要进行通信/同步。子任务在一个或多个进程、线程、SIMD轨道或多台计算机上执行。

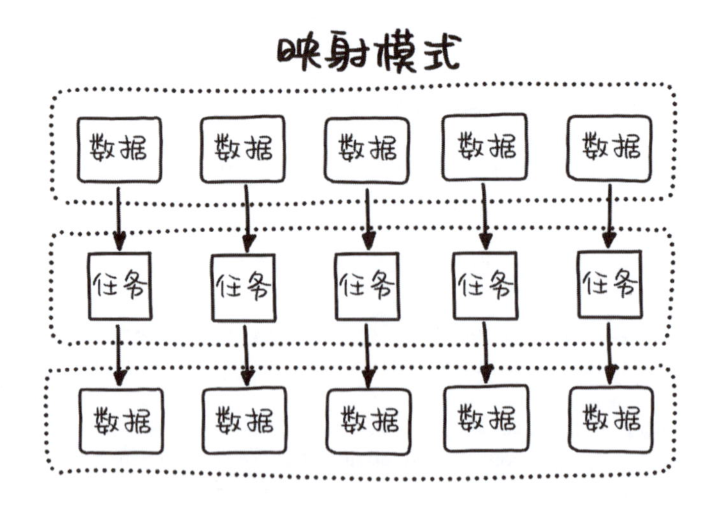

循环在许多程序中占据执行时间的主要部分，尤其是在科学计算和分析系统中。循环存在多种形式。要确定问题是否符合映射模式，需要分析源代码。分析不同循环迭代之间的依赖关系非常重要，即后续迭代是否使用前面迭代的数据。

注意

在实践中，许多库和框架都使用循环级并行。Open Multi-Processing(OpenMP)使用循环级并行支持多核处理器架构。NVIDIA的CUDA库为GPU架构提供循环级并行。映射模式广泛应用于现代编程语言，如Scala、Java、Kotlin、Python、Haskell等。

虽然数据分解被广泛使用，但另一种模式更为常见。

7.4.3 Fork/Join模式

不过，程序可能既包含顺序部分(不独立部分，必须串行执行)，又包含并发部分(可以无序执行甚至同时执行)。对于这种类型的程序，还有另一种常见的并发模式。

假设你负责组织当地市长选举的投票计数过程。工作很简单，只需查看选票，统计选民投票给一位候选人或另一位候选人的数量。

因为是第一次参加选举工作，你没有过多考虑组织过程，并决定在选举日结束后一个人完成所有工作。逐个检查选票需要花费一整天的时间才能完成，但你还是做到了。顺序解决方案类似于以下代码：

```
# Chapter 7/count_votes/count_votes_sequential.py
import typing as T
import random

Summary = T.Mapping[int, int]


def process_votes(pile: T.List[int]) -> Summary:
    summary = {}
    for vote in pile:
        if vote in summary:
            summary[vote] += 1
        else:
            summary[vote] = 1
    return summary


if __name__ == "__main__":
    num_candidates = 3
    num_voters = 100000
    pile = [random.randint(1, num_candidates) for _ in range(num_voters)]
    counts = process_votes(pile)
    print(f"Total number of votes: {counts}")
```

为三位候选人生成大量选票，每张选票都是整数，表示对应的候选人该函数以选票数组作为参数，每个元素代表投给某位候选人的一票，并返回候选人得票的数组。

因为在这次竞选活动中表现出色，你被晋升为选举日负责人，负责统管投票计数工作。选举活动不局限于地方选举，而是全国总统选举！由于来自不同州的选票数据非常庞大，你意识到再次使用陈旧的顺序方法是不可行的。

你该如何组织计票，以在有限的时间内处理海量的选票呢？

最直观地处理海量选票的方法是将其分成几份，然后分别将每份选票交给不同的工作人员进行并行处理。通过将工作分配给多个人甚至是团队，可以很容易地加快进程。但这样仍然不够高效。你需要生成一份报告，其中包含每位候选人的总票数，而不是未经合并的小份数据汇总。因此，你决定在一开始就进行选票划分，然后分别将选票分配给工作人员进行处理，在完成计票后亲自合并结果。

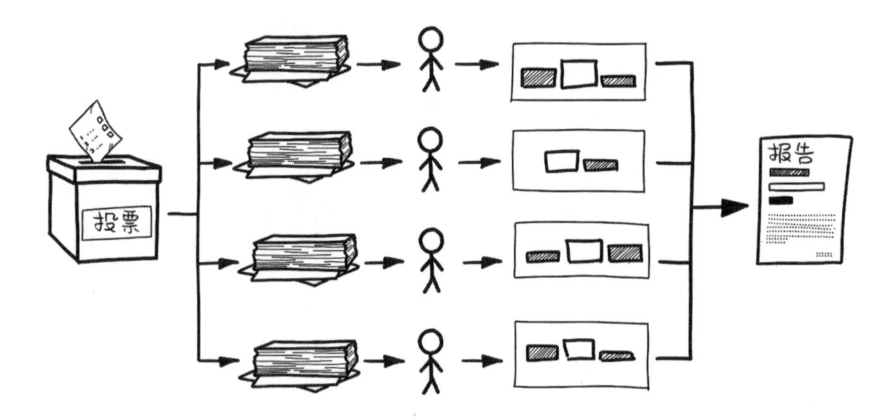

为了充分利用并行执行，你聘请了更多的工作人员来统计票数。假设聘请了四名工作人员。接下来，你可以按照以下步骤操作：

(1) 让第一名工作人员对第一个四分之一份的选票进行统计。

(2) 让第二名工作人员对第二个四分之一份的选票进行统计。

(3) 让第三名工作人员对第三个四分之一份的选票进行统计。

(4) 让第四名工作人员对第四个四分之一份的选票进行统计。

(5) 然后，你将获得的四个结果进行合并，并返回结果。

前四个任务支持并行执行，但最后一个任务是顺序执行，因为它依赖于前面步骤的结果。

在查看以下代码之前，不妨思考一下如何实现代码：

```
# Chapter 7/count_votes/count_votes_concurrent.py
import typing as T
```

```
import random
from multiprocessing.pool import ThreadPool

Summary = T.Mapping[int, int]

def process_votes(pile: T.List[int], worker_count: int = 4) -> Summary:
    vote_count = len(pile)
    vpw = vote_count // worker_count

    vote_piles = [
        pile[i * vpw:(i + 1) * vpw]
        for i in range(worker_count)
    ]

    with ThreadPool(worker_count) as pool:
        worker_summaries = pool.map(process_pile, vote_piles)

    total_summary = {}
    for worker_summary in worker_summaries:
        print(f"Votes from staff member: {worker_summary}")
        for candidate, count in worker_summary.items():
            if candidate in total_summary:
                total_summary[candidate] += count
            else:
                total_summary[candidate] = count

    return total_summary

def process_pile(pile: T.List[int]) -> Summary:
    summary = {}
    for vote in pile:
        if vote in summary:
            summary[vote] += 1
        else:
            summary[vote] = 1
    return summary

if __name__ == "__main__":
    num_candidates = 3
    num_voters = 100000
    pile = [random.randint(1, num_candidates) for _ in range(num_voters)]
    counts = process_votes(pile)
    print(f"Total number of votes: {counts}")
```

Fork步骤，划分选票，由四个worker并发处理

Join步骤，合并结果

这个示例利用了Fork/Join模式，这是一种流行的用于创建并发应用程序的编程模式。

Fork/Join模式的核心思想是将数据分成多个较小的块，并将它们作为独立的任务进行处理。在该示例中，将小份选票分配给员工，这一步称为Fork。正如循环级并行，通过添加更多的处理资源进行水平扩展。

然后，将单个任务的结果进行汇总，直到获得最终结果。在示例中，我们需要将每个工作人员统计的结果聚合为最终选举结果，以获得每位候选人的票数。你可以将聚合步骤想象成同步点。聚合步骤等待所有依赖的任务完成，然后计算最终结果。这一步被称为Join。

将这两个步骤结合起来，就是Fork/Join模式。如前所述，Fork/Join模式是当今最流行的模式，许多并发系统和库都是基于Fork/Join模式编写的。

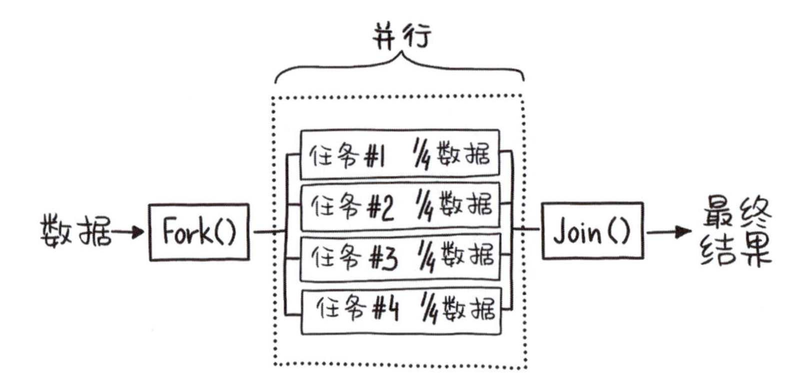

7.4.4 Map/Reduce模式

Map/Reduce是另一种并发模式，与Fork/Join模式密切相关。Map步骤的思想与Map模式相同，函数对所有输入进行映射操作以获取新结果(例如，乘以2)。Reduce步骤执行聚合(例如，汇总票数或取最小值)。Map和Reduce步骤通常串行执行，Map步骤产生中间结果，然后由Reduce步骤处理中间结果。

同Fork/Join模式一样，在Map/Reduce中，多个处理资源并行处理一组输入数据。然后将结果聚合，直到获得最终结果。虽然它们结构相同，但工作方式存在细微差别。Map和Reduce步骤比标准Fork/Join模式更加独立，并且可以扩展到单台计算机之外，利用多台机器对大量数据执行单独操作。与Fork/Join模式的另一个区别是，有时不必缩减Map步骤就能完成任务，反之亦然。

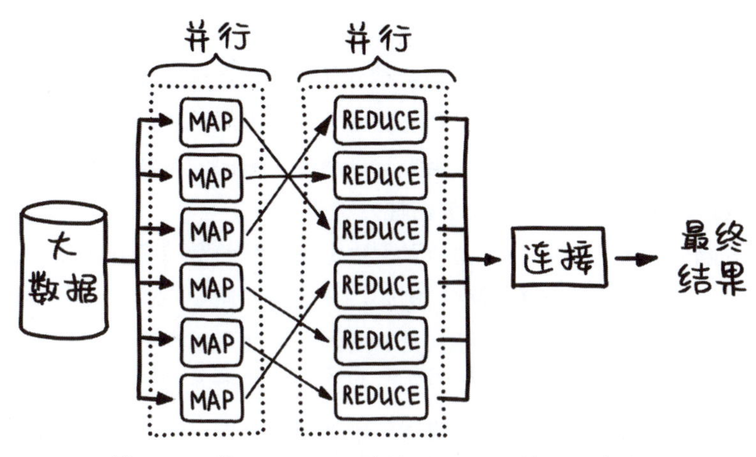

Map/Reduce是Google的MapReduce框架和Yahoo的开源变体Apache Hadoop的关键概念。在Hadoop系统中，开发者只需要编写映射和聚合数据的操作。然后系统负责完成所有工作，通常是使用数百或数千台计算机处理兆级(gigabyte)字节或太级(terabyte)字节的数据。开发者只需要将必要的计算逻辑封装到框架提供的功能中，剩下的计算工作则交给运行时系统。

注意

Apache Spark是另一个受到MapReduce启发的流行框架。Spark框架使用函数式编程和流水线处理来实现Map/Reduce模式。与MapReduce不同，Spark可以在每个作业之间缓存结果，而不是将数据写入磁盘。此外，Spark是许多不同系统的基础框架，包括Spark SQL、Spark DataFrame、GraphX和Streaming Spark。这使得在同一应用程序中混合使用不同框架变得容易很多。这些特点使Spark成为重复任务和交互式分析的最佳选择，可提供更优的性能。

数据分解和任务分解不是互斥的，可以将二者同时应用于程序。借助并发的方式，使程序获得最大的性能提升。

7.5 颗粒度

在前文的选票示例中，我们做出了两个可能存在问题的假设。

- 我们假设有四名负责处理资源的员工，每名员工拥有大致相同的工作量。然而，限制使用的处理资源数量是没有意义的。我们希望并发程序能够充分利用所有可用的处理资源。始终使用四个线程并不是最佳方法。如果程序在具有三个内核的系统上运行，使用三个线程比使用四个线程的效果更佳。相反，对于拥有八个内核的系统而言，其中四个内核将处于空闲状态。

- 我们假设运行时系统专门动用所有资源来处理程序。然而，运行时系统中还有其他程序，有些处理资源可能会被其他程序或系统本身占用。

考虑到这些假设，如何利用所有系统的可用资源来尽可能高效地执行任务呢？在理想情况下，分解问题的任务数应至少与可用处理资源的数量相当，任务数越大越好，以便为运行时系统提供更大的灵活性。

将问题分解成任务，任务的数量和大小决定了分解的颗粒度。通常，使用在特定任务中执行的指令数来衡量颗粒度。例如，在之前的假设中，将任务分成八个线程而不是四个线程，能使颗粒度更细且更加灵活，从而可以在更多的可用计算资源上执行计算。如果系统只有四个可用内核，那么并不是所有线程都会同时执行，因为一个内核物理上只能同时执行一个线程。但这问题不大，因为运行时系统能跟踪等待的线程，确保所有内核不会闲置。例如，调度器可能会决定先并行运行前四个线程，完成任务后再执行剩余的四个线程。如果系统中有八个内核可用，则系统可以并行执行所有任务。

使用粗颗粒度方法将程序分解成较大的任务时，处理器必须处理大量的计算。这可能导致负载不均衡，其中某些任务处理大部分数据，而其他任务处于空闲状态，这会限制程序的并发性。但粗颗粒度类型的优点是通信和协调开销较低。

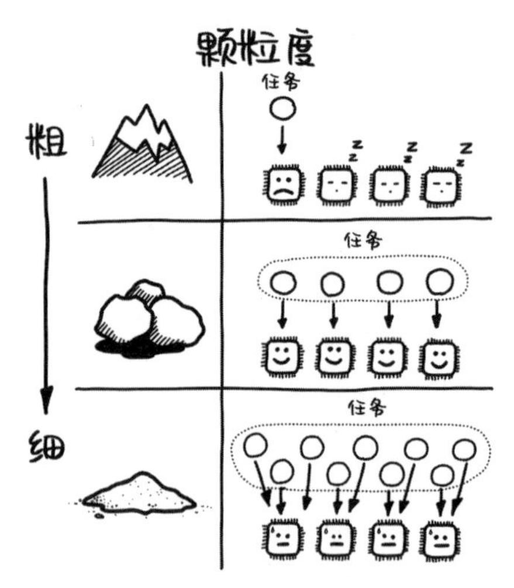

当使用细颗粒度时，程序会被分解为许多小任务。细颗粒度可以提高并行性，从而提高了系统性能，因为任务被均匀分布在多个处理器上，且工作量较小，所以执行速度非常快。

但是，创建大量的小任务存在一个缺点。通过增加需要通信的任务数量，通信成本会显著增加。为了进行通信，任务必须停止计算以发送和接收消息。除了通信成本，我们还需要考虑创建任务的成本。如之前所述，创建线程和进程存在一定开销。例如，将任务数量增加到100万，将显著增加OS调度器的负载，并降低系统性能。因此，在细颗粒度和粗颗粒度两个极端之间，需要掌握好平衡，以实现最佳性能。

许多使用任务分解开发的算法都采用固定任务数量的方式，这些任务大小相同，并且具有本地和全局的结构化连通性。在这种情况下，实现高效映射任务是很简单的，只需要以最小化进程间通信的方式映射任务。如果不采取这种方式，还可以将映射到单个处理器上的任务组合起来，即每个处理器一组任务，从而使颗粒度更粗。任务分组的过程称为聚合(详见第13章)。

数据分解的目标是尽可能定义更多的小任务，还要考虑并行执行更广泛的可能性。如果有必要，可以通过聚合将任务合并为更大的任务，以提高性能或减少通信开销。

在更复杂的任务分解算法中，每个任务的工作量可能不同，或者通信可能不畅通。在这种情况下，高效的聚合和匹配策略对于开发者而言可能不够直观。因此，通常基于启发式算法，使用负载均衡算法来识别高效的聚合和映射策略。

7.6 本章小结

- 不存在分解编程问题的万能方法。途径之一是通过构建任务依赖图来可视化分析算法中的独立任务，并掌握依赖关系。
- 如果程序具有清晰的功能组件，则有利于使用任务分解将该程序分解为功能相互独立的任务，然后使用MIMD/MISD系统进行执行。任务分解的目标是将问题分解为可以并发执行的任务。
- 流水线处理是一种流行的任务分解模式，能提高系统吞吐量，尤其是在共享资源数量有限的情况下。流水线处理常与其他分解方法一起使用。
- 如果程序的步骤可以在不同的数据块上独立执行，则可以利用数据分解并使用SIMD系统进行执行。数据分解的目标，是将问题的数据分解为单元，并相对独立地进行操作。
- 映射模式、Fork/Join模式和Map/Reduce模式是主流的数据分解模式，广泛用于许多流行的库和框架。
- 任务数量和大小决定了系统的颗粒度。理想情况下，问题分解后的任务数量应至少等于可用处理资源的数量，且越大越好，以提供运行时系统的灵活性。

第8章 并发难题：竞争条件和同步

本章内容：

- 判断并处理最常见的并发难题：竞争条件
- 使用同步方法，安全可靠地在任务间共享资源

在顺序程序中，代码遵循一条可预测和确定的路径执行。仅需了解函数及其当前状态，就可以很容易理解程序的行为。但在并发程序中，程序的状态在执行期间会发生变化，并且外部因素(如操作系统调度器、缓存一致性或平台编译器)可能会影响执行顺序和资源访问。此外，当并发任务竞争相同资源时，如CPU、共享变量或文件，任务可能会相互冲突。操作系统无法轻易控制这些资源。所有这些因素都可能影响程序的结果。

2012年5月，脸书(Facebook)首次公开募股(IPO)，并发控制的重要性再次得到了验证。由于纳斯达克系统发生错误，脸书开盘延迟了30分钟，这导致了混乱的订单变更和取消，使交易者遭受重大损失。对于美国历史上最大的IPO，纳斯达克因为没处理好竞争条件而蒙受了巨大的损失。同时，人们意识到高效并发控制十分重要。

因此，我们不能单纯依靠运行时系统自动管理和协调程序任务及共享资源，因为详细的需求和程序流程可能不够明显。在本章中，我们将学习如何编写同步访问共享资源的代码，讨论常见的并发问题，并给出可选的解决方案和常用的并发模式。

8.1 资源共享

回顾前面提到的菜谱示例。通常，如果厨房里有多名厨师，可以同时完成菜谱中的多个步骤。但是，如果只有一个烤箱，就无法同时以不同温度烹饪火鸡和其他菜肴。此种情况下，烤箱就是共享资源。

简而言之，虽然多名厨师能提高效率，但沟通和协调的成本也可能使烹饪过程变得更加棘手。编程也是如此，操作系统同时运行多个任务，任务也依赖于有限的资源。彼此独立运行的任务，通常不知道其他任务的存在和行动。因此，当运行的任务尝试利用共享资源时，可能会发生冲突。为了防止发生冲突，每个任务在使用资源后都必须保持其状态不受影响。例如，考虑这样一个情景，两个任务同时尝试使用打印机。如果没有对打印机访问进行适当的控制，就可能发生错误，导致程序(甚至整个系统)处于未知且可能失效的状态。

如果当多个任务访问某个函数或操作时不出现问题，无论执行环境如何调度或交缠任务，那么该函数或操作就是线程安全的。涉及线程安全性时，良好的程序设计是开发者最好的护身符。避免资源共享和最小化任务之间的通信，可以降低任务之间相互干扰的可能性。但是，程序很难避免不使用共享资源。

注意

通过使用不可变对象和纯函数可以很容易实现线程安全。由于它们无法改变状态，因此不会被线程干扰，也不会出现不一致状态。编程语言或程序能保障数据的不可变性，因此当多个线程使用数据时，数据不会发生变动。但本书不涉及这些方法。

要理解什么是线程安全，首先需要了解什么是不安全的线程。如同前文所述，可通过一个例子来进行讲解。

8.2 竞争条件

假设你正在编写银行软件，其中每个银行账户均表示一个对象。不同的任务(如出纳员或自动取款机)可以从同一个账户存取款项。假设银行使用了共享内存的自动取款机，这样所有自动取款机都可以读取和写入同一个账户对象。

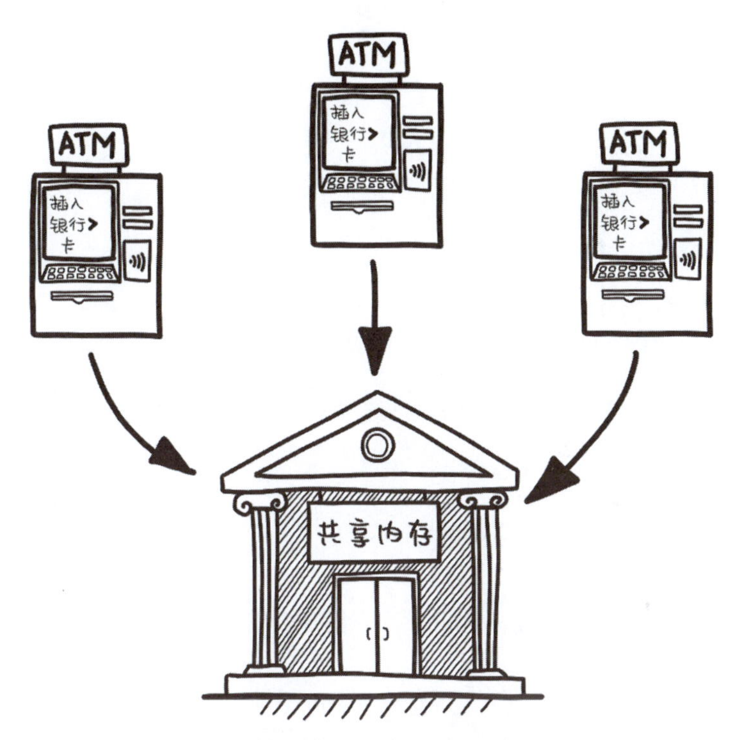

举个例子，假设银行账户类有存款和取款两个方法，如下所示：

```
# Chapter 8/race_condition/unsynced_bank_account.py
from bank_account import BankAccount

class UnsyncedBankAccount(BankAccount):
    def deposit(self, amount: float) -> None:
        if amount > 0:
            self.balance += amount
        else:
            raise ValueError("You can't deposit a negative amount of money")

    def withdraw(self, amount: float) -> None:
        if 0 < amount <= self.balance:
            self.balance -= amount
        else:
            raise ValueError("Account does not have sufficient funds")
```

上面的代码实现了银行账户类，该类有一个内部变量balance，表示账户中的金额，以及两个方法deposit()和withdraw()，分别用于增加或减少balance。

假如像现实生活中一样有好几台自动取款机同时执行相同的交易。代码如下所示：

```
# Chapter 8/race_condition/race_condition.py
import sys
import time
from threading import Thread
import typing as T

from bank_account import BankAccount
from unsynced_bank_account import UnsyncedBankAccount

THREAD_DELAY = 1e-16

class ATM(Thread):
    def __init__(self, bank_account: BankAccount):
        super().__init__()
        self.bank_account = bank_account
    def transaction(self) -> None:
        self.bank_account.deposit(10)
        time.sleep(0.001)
        self.bank_account.withdraw(10)

    def run(self) -> None:
        self.transaction()

def test_atms(account: BankAccount, atm_number: int = 1000) -> None:
    atms: T.List[ATM] = []
    for _ in range(atm_number):
        atm = ATM(account)
        atms.append(atm)
        atm.start()

    for atm in atms:
        atm.join()

if __name__ == "__main__":
    atm_number = 1000
    sys.setswitchinterval(THREAD_DELAY)

    account = UnsyncedBankAccount()
    test_atms(account, atm_number=atm_number)
```

一笔交易包含对同一账户的连续存储和提取操作

创建一组ATM线程，对同一银行账户执行并发交易

等待所有ATM线程结束

大幅增加上下文切换打断操作的机会，从而有效地测试同步

```
print("Balance of unsynced account after concurrent transactions:")
print(f"Actual: {account.balance}\nExpected: 0")
```

将ATM实现为一个线程，它首先调用`deposit()`方法，然后调用`withdraw()`方法取出相同的金额(如10美元)。我们同时运行1000个ATM。理论上，账户余额应该保持不变，因为每次都存入并取出相同的金额。那么，当程序结束时，余额一定为0吗？

然而，运行这段代码时，通常会发现程序结束时的余额是不同的，如下所示：

```
Balance of unsynced account after concurrent transactions:
Actual: 380
Expected: 0
```

这是为什么呢？

我们进一步从底层指令的角度，分析调用的方法。

`deposit()`	`withdraw()`		余额
获取余额		←	0
增加 10			0
返回结果		→	10
	获取余额	←	10
	减少 10		-10
	返回结果	→	0

假设有两台ATM，分别为A和B，同时向一个银行账户存款。在大多数情况下，同时运行这两个方法不会引起问题。

ATM A `deposit()`	ATM B `deposit()`		余额
获取余额		←	0
增加 10			0
返回结果		→	10
	获取余额	←	10
	增加 10		10
	返回结果	→	20

最终返回的结果没有问题，余额为20美元，A和B都正确执行了交易。

但是当A和B自动取款机同时执行时，低级指令会发生交错，如下所示。

ATM A `deposit()`	ATM B `deposit()`		余额
获取余额		←	0
	获取余额	←	0
增加 10			
	增加 10		
返回结果		→	10
	返回结果	→	10

这种情况下，A和B两台机器同时读取余额，计算出不同的最终余额，然后保存新的余额，但没有考虑另一台ATM的贡献，因此丢失了其中一笔存款。最终结果显示，余额为10美元，丢失了10美元存款！

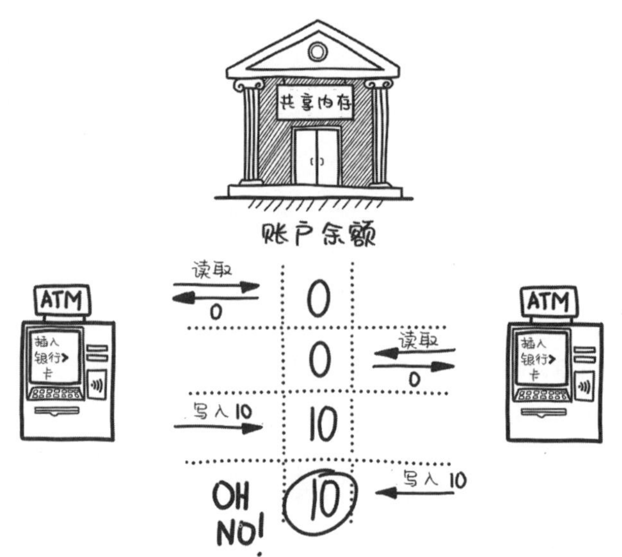

这两个线程在不同的处理器内核上同时运行，或者操作系统调度器随时停止一个线程并启动另一个线程，在两个线程之间任意切换。如果同时执行多个对`deposit()`方法的调用，则余额可能会处于错误状态。如果一个线程进行存款操作，而另一个线程进行取款操作，则操作顺序可能导致取款线程抛出异常。

这是竞争条件的一个典型示例。当遇到竞争条件时，任务会访问共享资源或公共变量，这些共享资源和变量也可以被其他任务并发使用。因此，程序的正确性取决于并发操作的前后顺序。当发生这种情况时，就可以说“一个任务在与其他任务竞争”。

产生竞争条件的原因有很多。编译器通常执行各种优化，以加快代码执行速度，同时不改变代码的语义。如果要求编译器永远不进行指令交错等优化，则编译器很难高效运行。类似地，在硬件方面，共享内存区域不包含程序中所有数据的专属副本，而是存在各种缓存和缓冲区，以便处理器更快地访问某个内存区域，如第3章所述。因此，硬件必须跟踪数据的不同副本并移动副本。在移动副本的过程中，内存操作的顺序可能与程序顺序不同，并且线程能观察到内存操作的顺序。与编译器一样，让硬件按照实际发生的顺序执行所有读写操作，将导致性能下降。对于开发者而言，所有优化和重新排序是完全隐藏的，只要避免了竞争条件，就不必关注计算机内部的具体优化细节。

由竞争条件引起的错误很难复现和隔离。竞争条件类似于海森堡实验，当人们试图调查时，程序错误会消失或改变其行为。因为竞争条件是一种语义错误，只能在运行时被检测到，仅仅通过查看代码而不运行程序很难发现。因此，不存在检测竞争条件的通用方法。有时，在代码的不同位置放置`sleep`操作符，可以通过改变时间和线程顺序，检测潜在的竞争条件。

注意

确保所使用的库是线程安全的。如果不是，则需要对库的调用进行同步。此外，如果没有经过代码设计就处理并发调用，库中的全局变量可能会引起问题。这种情况下，可能需要放弃使用该库。

因此，我们需要提供同步访问的机制，防止多个任务交替执行操作，从而避免产生错误的结果并提供线程安全性。

8.3 同步

同步是解决竞争条件的方法。同步是一种机制，用于控制多个任务对共享资源的访问。当多个任务需要访问不能同时访问的资源时，同步显得尤为重要。正确的同步机制可以确保任务对资源的独占性和有序访问。在第2章和第6章中，我们通过同步执行点和等待依赖关系，讨论了进行协调的方法。开发者还可以使用同步机制保护关键代码。

关键代码指的是可以同时由多个任务执行并访问共享资源的代码片段。例如，在关键代码中，开发者可能会操作特定的数据结构，或使用一次只能支持一个客户端的资源，如打印机。

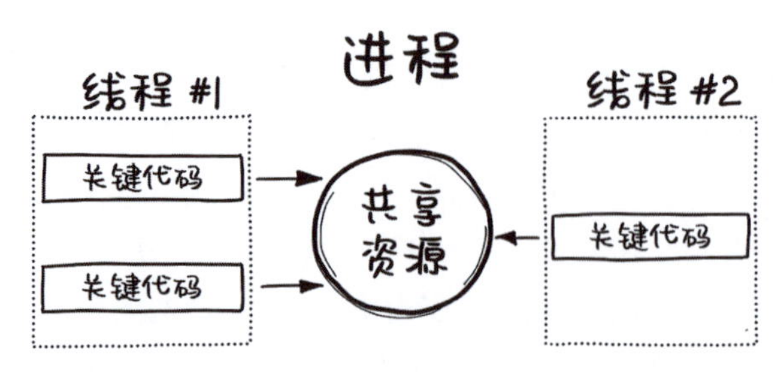

我们不能仅依赖操作系统来理解和实施同步，因为操作系统调度器可能无法明显感知具体的要求。例如，对于打印机，我们希望任何独立的进程在整个打印文件的过程中都能控制打印机。否则，会交替出现来自竞争进程的文字。在关键代码内部必须存在某种互斥机制，即只允许单个任务同时执行打印操作。

然而，处理器提供了一些指令可用于实现同步。这些指令可以在代码的特定部分临时禁用中断，确保不中断代码。这一特性在保护需要连续执行的关键代码段时极具价值。这些同步指令在编译器和操作系统开发者中广泛使用，同时也抽象为各种编程语言中的库函数。因此，程序员可以利用这些特定于语言的函数来保护关键代码，而不需要直接操作底层的处理器级指令。

锁是一种常用的同步方法，用于控制对关键代码的访问。不同类型的锁具有不同的特性和用法。

8.3.1 互斥锁

锁的基本原理是任务在开始操作之前，在正在使用的资源上挂一个“请勿打扰”的标志，并在操作结束后将其移除(锁仍然由任务持有)。其他所有任务在尝试挂上标志并执行操作之前，都会检查是否存在“请勿打扰”标志。如果标志存在，则阻塞任务并等待，直到移除标志。这样就能确保只有一个任务在执行操作，从而避免了冲突操作。

我们刚刚介绍了进程或线程可能处于的另一种状态，即阻塞状态。下图展示了线程的生命周期(也适用于进程)，从创建、就绪、运行，到可能的阻塞，最终到完成或终止。

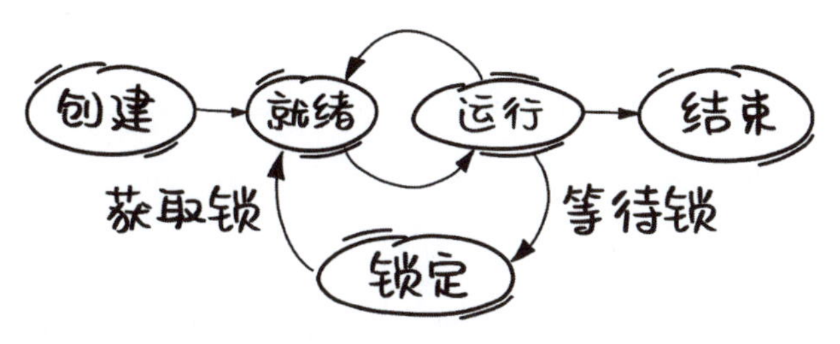

为了使用共享资源，任务必须首先锁定资源。如果另一个线程已经锁定资源，则第一个线程进入阻塞状态，等待锁释放后才能获取锁。这种方式称为互相排斥锁，简称为互斥锁，因为它确保在任何给定时间，只有一个任务对共享资源具有独占访问权。许多编程语言和操作系统都有类似互斥锁的抽象。

互斥锁只有两种可能的状态，即锁定和未锁定。在未锁定状态下，使用acquire()和release()方法，分别创建锁和释放锁。acquire()方法用于锁定，并在释放锁之前阻塞其他任务访问资源。release()方法用于释放锁，并且只能在锁定状态下调用。当调用release()方法时，将互斥锁设置为未锁定状态，并立即将控制权返回给调用线程。

我们使用互斥锁来解决银行余额问题。为了保护内部的balance变量，必须将与该变量相关的代码块(程序的关键部分)封装在acquire()和release()方法中。

```
# Chapter 8/race_condition/synced_bank_account.py
from threading import Lock
from unsynced_bank_account import UnsyncedBankAccount

class SyncedBankAccount(UnsyncedBankAccount):
    def __init__(self, balance: float = 0):
        super().__init__(balance)
        self.mutex = Lock()

    def deposit(self, amount: float) -> None:
        self.mutex.acquire()
        super().deposit(amount)
        self.mutex.release()

    def withdraw(self, amount: float) -> None:
        self.mutex.acquire()
        super().withdraw(amount)
        self.mutex.release()
```

获取共享资源的互斥锁，以确保仅持有互斥锁的线程才能运行

释放锁

在这段代码中，我们向两个方法添加了一个互斥锁，确保同一类型的操作一次只能执行一个。这样就确保消除了竞争条件，在读取或写入余额时，`deposit()`和`withdraw()`方法会持有锁。如果一个线程尝试获取当前属于另一个线程的锁，则该线程将被阻塞，直到另一个线程释放锁。所以，最多只能有一个线程拥有互斥锁。因此，在执行结果中不会同时出现的读取/写入或写入/写入情况。

```
Balance of synced account after concurrent transactions:
Actual: 0
Expected: 0
```

只有当程序的所有线程一致使用同步时，同步才有效。如果通过互斥锁来限制对共享资源的访问，则在尝试操作资源之前，所有线程必须接收相同的互斥锁。若非如此，将会破坏互斥锁提供的保护，引发潜在错误。

8.3.2 信号量

信号量是另一种用于控制共享资源访问的同步机制，类似于互斥锁。但与互斥锁不同，信号量支持多个任务同时访问资源。因此，信号量可以由多个任务锁定和解锁，而互斥锁只能由同一个任务锁定和解锁。

信号量内部有一个计数器，用于跟踪获取或释放信号量的次数。只要信号量计数器的值为正，任何任务都可以获取信号量，从而减少计数器的值。如果计数器为零，则试图获取信号量的任务将被阻塞，并等待信号量变为可用(计数器为正)。当完成对共享资源的使用后，任务释放信号量，增加计数器的值。随后，信号量将唤醒其他正在等待的线程，以便获取信号量。

究其本质，互斥锁可以被视为一种特殊类型的信号量，即二元信号量。互斥锁的内部计数器只有0或1两个值。

注意

信号量是由计算机科学家Edsger Dijkstra于20世纪60年代提出的，用于描述线程之间的信号同步。信号量源于船舶之间使用旗帜和信号灯进行通信的方式。后来，Dijkstra承认信号量并不是描述同步的最佳选择，因为信号量的概念很广，还可以用于信号传递之外的其他目的。

我们使用信号量来模拟一个设有一定车位数量和两个出入口的公共停车场。有一些想要进入和离开停车场的汽车。如果没有空车位，则汽车将无法进入，但汽车可以随时离开。

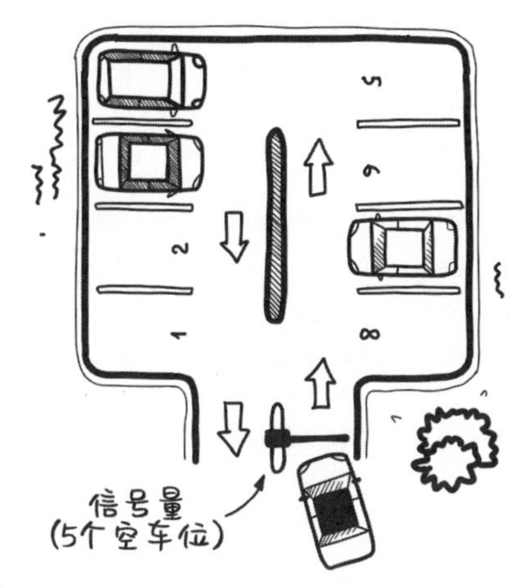

为了进入停车场，司机必须获得一张停车券，对应于获取一个信号量。如果有可用的车位，则分配给司机一张停车券，并减少信号量计数。当停车场达到最大容量时，信号量计数将降为零，从而阻止其他汽车进入。只有当持有信号量的汽车释放停车券(离开停车场后)，另一辆汽车才能获取信号量并进入停车场。以下是代码示例：

```
# Chapter 8/semaphore.py
import typing as T
import time
import random
from threading import Thread, Semaphore, Lock

TOTAL_SPOTS = 3
```

```
class Garage:

    def __init__(self) -> None:
        self.semaphore = Semaphore(TOTAL_SPOTS)
        self.cars_lock = Lock()
        self.parked_cars: T.List[str] = []

    def count_parked_cars(self) -> int:
        return len(self.parked_cars)

    def enter(self, car_name: str) -> None:
        self.semaphore.acquire()
        self.cars_lock.acquire()
        self.parked_cars.append(car_name)
        print(f"{car_name} parked")
        self.cars_lock.release()

    def exit(self, car_name: str) -> None:
        self.cars_lock.acquire()
        self.parked_cars.remove(car_name)
        print(f"{car_name} leaving")
        self.semaphore.release()
        self.cars_lock.release()
```

信号量控制停车场中有限的车位

释放信号量，以指示可用的车位

确保同一时刻只有一个线程可以修改停车列表

这段代码同时使用了互斥锁和信号量。尽管互斥锁和信号量属性相似，但我们将二者用于不同的目的。互斥锁用于协调对内部变量的访问，即停放汽车的列表。信号量用于协调停车场的进入(`enter()`)和离开(`exit()`)方法，根据可用的车位数量限制汽车的数量。在本例中，只有三个车位。

如果信号量不可用(值为0)，汽车则等待，直到有空闲车位并释放信号量。当汽车线程获取到信号量时，线程会打印一条停放消息，然后进入一段随机时间的休眠。然后，汽车线程打印一条离开消息并释放信号量，增加信号量的值，以便另一个等待中的线程可以获取信号量。接下来，对停车场的运作进行模拟，代码如下所示：

```
# Chapter 8/semaphore.py
def park_car(garage: Garage, car_name: str) -> None:
    garage.enter(car_name)
    time.sleep(random.uniform(1, 2))
    garage.exit(car_name)
```

汽车在停车场停放一段时间，然后离开

```
def test_garage(garage: Garage, number_of_cars: int = 10) -> None:
    threads = []
    for car_num in range(number_of_cars):
        t = Thread(target=park_car,
                   args=(garage, f"Car #{car_num}"))
        threads.append(t)
        t.start()

    for thread in threads:
        thread.join()


if __name__ == "__main__":
    number_of_cars = 10
    garage = Garage()
    test_garage(garage, number_of_cars)

    print("Number of parked cars after a busy day:")
    print(f"Actual: {garage.count_parked_cars()}\nExpected: 0")
```

创建多个线程，模拟同时停放的汽车

通过生成进入和离开停车场的汽车，模拟停车场的运作

类似于互斥锁，我们得到了预期的结果。

```
Car #0 parked
Car #1 parked
Car #2 parked
Car #0 leaving
Car #3 parked
Car #1 leaving
Car #4 parked
Car #2 leaving
Car #5 parked
Car #4 leaving
Car #6 parked
Car #5 leaving
Car #7 parked
Car #3 leaving
Car #8 parked
Car #7 leaving
Car #9 parked
Car #6 leaving
Car #8 leaving
Car #9 leaving
Number of parked cars after a busy day:
Actual: 0
Expected: 0
```

解决同步问题的另一种方法是创建更加强大的操作，该方法只需要一步就能完成，从而消除中断的可能性。这种操作被称为原子操作。

8.3.3 原子操作

原子操作是最简单的同步形式，适用于基本数据类型。原子表示其他线程无法观察到操作处于部分完成的状态。

对于某些简单的操作而言，如递增计数器变量，原子操作与传统的锁机制相比，可以提供显著的性能优势。原子操作不需要获取锁、修改变量和释放锁，而是提供了一种更简化的方法。考虑一个使用汇编代码的示例。

```
add 0x9082a1b, $0x1
```

汇编指令将值1添加到由地址0x9082a1b指定的内存位置。硬件确保此操作在没有任何中断的情况下以原子方式执行。当发生中断时，该操作要么完全不执行，要么完成执行，不存在中间状态。

原子操作的优势在于其不会阻塞竞争任务，可以最大程度地提高并发性并减少同步开销。但是，原子操作依赖于特殊的硬件指令，并且需要借助良好的硬件和软件通信，以保障硬件级别的原子性可以扩展到软件级别。

注意

大多数编程语言提供原子数据结构，但必须小心，因为并非所有数据结构都是原子的。例如，某些Java集合是线程安全的。此外，Java还提供了几种非阻塞的原子数据结构，如AtomicBoolean、AtomicInteger、AtomicLong和AtomicReference。另外，C++标准库提供了std::atomic_int和std::atomic_bool等原子类型。

但并非所有操作都是原子的，不能随意判断原子操作。在编写并发应用程序时，要符合长期以来的传统，即遵循编程语言标准。当原子操作不可用时，一定要使用锁。

掌握了同步的相关知识后，下一章将探讨其他常见的并发问题。

8.4 本章小结

- 使用共享资源是并发程序的典型情况，要小心避免对共享资源的并发访问。因为任何任务在执行过程中都可能被中断，会导致异常和错误，而这些异常和错误需要一段时间才会显现出来。
- 代码的关键部分可以被多个任务并发执行，并且可以访问共享资源。为了确保对关键部分的独占使用，需要使用同步机制。

- 在关键部分使用原子操作是预防异常的最简单方法。原子操作表示其他线程无法观察到操作处于部分完成状态。但是，原子操作依赖于硬件和运行时环境的支持。
- 同步的另一种最常见的方法是使用锁。锁是一个抽象概念，用于保护对共享资源的访问。如果拥有锁，就可以访问受保护的共享资源；如果没有锁，就无法访问共享资源。
- 任务可能需要互斥操作，可以使用互斥锁进行保护，防止一个任务读取共享数据时另一个任务更新数据。
- 信号量是一种可以用来控制对共享资源访问的锁，类似于互斥锁。但与互斥锁不同，信号量支持多个任务同时访问资源。因此，信号量可以被多个任务锁定和解锁，而互斥锁由同一个任务锁定和解锁。
- 同步开销很高。因此，应尽量设计不需要任何同步的系统。
- 当两个任务同时访问和操作一个共享资源，并且执行结果取决于进程访问资源的顺序时，被称为竞争条件(一个线程与另一个线程竞争)。可以通过在关键部分适当地同步线程从而避免竞争条件，例如，使用锁、原子操作或消息传递进程间通信等技术。

第9章 处理并发问题：死锁和饥饿

本章内容：

- 识别和解决常见的并发问题：死锁、活锁和饥饿
- 学习常用的并发设计模式：生产者－消费者模式和读者－写者模式

前一章探讨了并发编程中面临的挑战，如竞争条件和用于应对竞争条件的同步方法。本章将重点关注另一组常见的并发问题，即死锁、活锁和饥饿。

死锁、活锁和饥饿问题可能导致极其严重的后果，并发编程广泛用于各行各业，处理不当甚至会危及生命。2018年和2019年，两架波音737 Max飞机坠毁，原因是并发问题导致的软件错误。飞机操纵特性增强系统(Maneuvering Characteristics Augmentation System，MCAS)的作用是防止飞机失速，但竞争条件触发了系统错误，导致坠机，造成347人死亡。十年前，2009年和2010年，丰田汽车出现突发性意外加速，这与软件错误导致的电子油门控制系统中的并发问题有关。该错误导致油门意外打开，引发多次事故和严重伤亡。

本章将探讨如何识别和解决常见的并发问题，并提供有效解决问题的知识和工具。到本章结束时，读者将对常见的并发问题和流行并发模式有全面的了解，包括生产者－消费者和读写－写者模式，从而能够实施恰当的解决方案，避免潜在的灾难。

9.1 哲学家就餐问题

锁(互斥锁和信号量)的使用非常棘手。不当使用锁，如没有释放锁或获取不到锁，会导致程序出现问题。阐释同步问题的经典示例是多个任务竞争锁导致的哲学家就餐问题，该问题由计算机科学家Edsger Dijkstra于1965年提出。哲学家就餐问题是评估同步方法的标准测试案例。

五位沉默的哲学家围坐在一张圆桌旁，桌子上有一盘饺子。相邻的哲学家之间放着一根筷子。接下来，哲学家们要做他们最擅长的事情，即思考和吃饭。

每位哲学家只对应一双筷子，因此每位哲学家只能在其他人没有占用筷子的情况下使用筷子。当一位哲学家吃完饺子后，他必须放下两根筷子，筷子才可供其他人使用。每位哲学家只能拿到左右两边的筷子，并且在没有拿起两根筷子之前不能开始吃东西。

问题在于设计一套流程(算法)，确保每位哲学家都可以在吃东西和思考之间轮换。假设哲学家们彼此不知道其他人什么时候想吃东西或思考，因此哲学家就餐问题是一个并发系统。

从盘子里夹饺子是关键，因此可以用互斥对其进行保护，使用两根筷子作为互斥锁。当一位哲学家想吃饺子时，他首先取左边的筷子(如果可用)并锁定它，然后取右边的筷子(如果可用)并锁定它。有了两根筷子且满足条件后，他就能夹起一个饺子。然后，哲学家先放下右边的筷子，再放下左边的筷子。最后，哲学家回到思考状态。

代码实现如下所示：

```
# Chapter 9/deadlock/deadlock.py
import time
from threading import Thread
```

```
from lock_with_name import LockWithName

dumplings = 20


class Philosopher(Thread):
    def __init__(self, name: str, left_chopstick: LockWithName,
                 right_chopstick: LockWithName):
        super().__init__()
        self.name = name
        self.left_chopstick = left_chopstick
        self.right_chopstick = right_chopstick

    def run(self) -> None:
        global dumplings

        while dumplings > 0:
            self.left_chopstick.acquire()
            print(f"{self.left_chopstick.name} grabbed by {self.name} "
                  f"now needs {self.right_chopstick.name}")
            self.right_chopstick.acquire()
            print(f"{self.right_chopstick.name} grabbed by {self.name}")


            dumplings -= 1
            print(f"{self.name} eats a dumpling. "
                  f"Dumplings left: {dumplings}")
            self.right_chopstick.release()
            print(f"{self.right_chopstick.name} released by {self.name}")
            self.left_chopstick.release()
            print(f"{self.left_chopstick.name} released by {self.name}")
            print(f"{self.name} is thinking...")
            time.sleep(0.1)
```

每位哲学家身边有两根筷子，左右各一根

直到吃完所有饺子

获取左边的筷子

获取右边的筷子

吃掉一个饺子

释放右边筷子

释放左边筷子

代码中的Philosopher线程表示哲学家，包含哲学家的名字和名为左筷子(left_chopstick)和右筷子(right_chopstick)的互斥锁，用于指定哲学家获取筷子的顺序。

此外，还有一个共享变量dumplings，表示盘子里剩余的饺子。只要盘子里还有饺子，while循环就让哲学家不断夹取饺子。在循环中，哲学家先拿起并锁定左边的筷子，然后拿起并锁定右边的筷子。接着，如果盘子里仍有饺子，则哲学家就夹一个，变量dumplings减1，并显示一条消息，指明还剩余多少个饺子。

哲学家们交替进行吃饺子和思考两种活动。由于是并发任务，因此没有人知道其他人什么时候吃饺子或思考，这可能引发问题。下一节将展示代码运行时可能出现的问题和对应的解决方案。

9.2 死锁

为简明起见，我们将哲学家的数量减少为两位，算法保持不变。

```
# Chapter 9/deadlock/deadlock.py
if __name__ == "__main__":
    chopstick_a = LockWithName("chopstick_a")
    chopstick_b = LockWithName("chopstick_b")

    philosopher_1 = Philosopher("Philosopher #1", chopstick_a,
chopstick_b)
    philosopher_2 = Philosopher("Philosopher #2", chopstick_b,
chopstick_a)

    philosopher_1.start()
    philosopher_2.start()
```

运行程序，输出如下所示：

```
Philosopher #1 eats a dumpling. Dumplings left: 19
Philosopher #1 eats a dumpling. Dumplings left: 18
Philosopher #2 eats a dumpling. Dumplings left: 17
...
Philosopher #2 eat a dumpling. Dumplings left: 9
```

程序卡顿了，无法终止，但盘子里仍有饺子。发生了什么情况？

假设第一位哲学家感到饥饿，拿起筷子A。同时，第二位哲学家也感到饥饿，拿起筷子B。他们每个人都拿到了两个锁中的一个，并等待其他线程释放另外的锁。

这个例子称为死锁。在死锁期间，多个任务等待其他任务占用的资源，且无法继续执行。程序永远卡在这个状态，因此必须手动终止。即使饺子数量发生变化，再次运行相同的程序仍将导致死锁。剩余饺子的具体数量取决于系统如何安排任务。

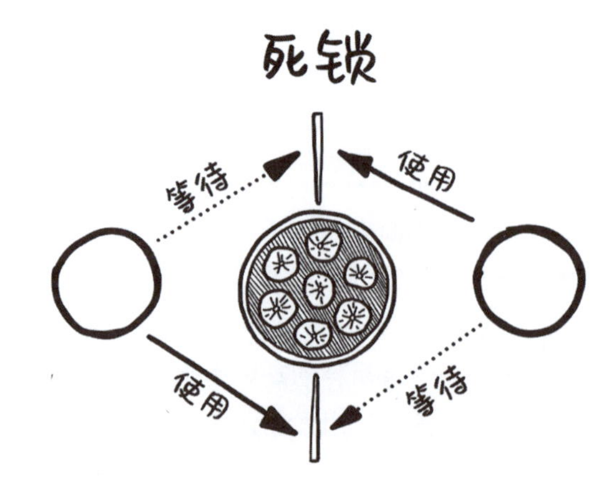

与竞争条件一样，你可能永远不会在程序中遇到死锁问题。如果导致死锁，则应该将诱因消除。当任务每次试图同时获取多个锁时，都存在死锁的可能性。对于使用互斥机制保护关键代码的并发程序而言，死锁是常见问题。

注意

永远不要假设具体的执行顺序。当存在多个线程时，执行顺序是不确定的。相对于另一个线程，如果你更关心某一个线程的执行顺序，则必须使用同步。如果要实现最佳性能，应尽量避免使用同步。特别是为了让处理器内核快速完成任务，对于高度细节化的任务，不要使用同步。

哲学家就餐这个例子并不现实，比较抽象，下面考虑一个更真实的例子。假设你的计算机上安装了两个应用，如视频聊天软件(如Zoom或Skype)和视频播放软件(如Netflix或YouTube)。这两个软件执行不同的功能，前者用于在线聊天，后者用于观看电影，但二者都访问计算机的同一子系统，如屏幕和音频。假设两个应用同时发出访问屏幕和音频的请求，操作系统会将屏幕分配给视频播放应用，将音频分配给视频聊天。因为两个应用都阻塞了资源，并等待可用资源，因此导致程序卡顿，就像哲学家就餐问题一样！除非操作系统采取行动(如终止一个或多个进程或强制一个或多个进程回滚)，否则死锁问题得不到解决。

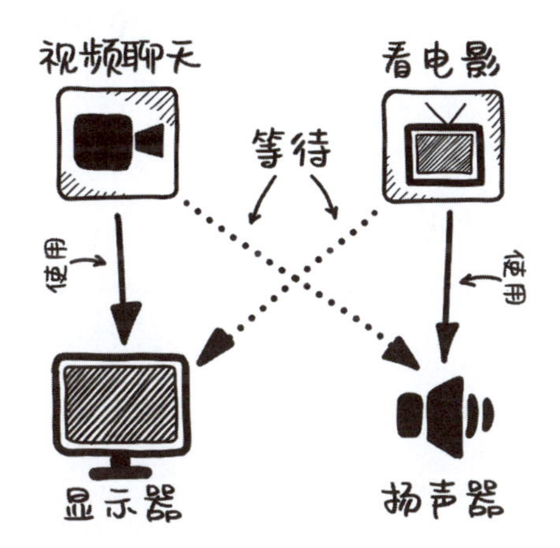

9.2.1 仲裁解决方案

回到哲学家就餐问题，为避免死锁的发生，我们可以确保每位哲学家只能拿起两根筷子或不拿起筷子。最简单的实现方法是引入一名仲裁者，即监督拿筷子的人，如服务员。哲学家在拿起筷子前，必须先向服务员提出请求。服务员一次仅给予一位哲学家许可，直到哲学家拿起两根筷子为止。哲学家可以随时放下筷子。

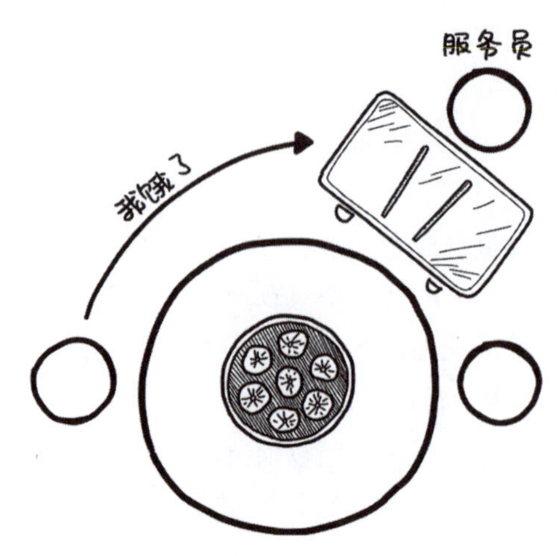

可以用另一把锁实现服务员的功能。

```
# Chapter 9/deadlock/deadlock_arbitrator.py
import time
from threading import Thread, Lock

from lock_with_name import LockWithName

dumplings = 20


class Waiter:
    def __init__(self) -> None:
        self.mutex = Lock()

    def ask_for_chopsticks(self, left_chopstick: LockWithName,
                           right_chopstick: LockWithName) -> None:
        with self.mutex:
            left_chopstick.acquire()
            print(f"{left_chopstick.name} grabbed")
            right_chopstick.acquire()
            print(f"{right_chopstick.name} grabbed")


    def release_chopsticks(self, left_chopstick: LockWithName,
                           right_chopstick: LockWithName) -> None:
        right_chopstick.release()
        print(f"{right_chopstick.name} released")
        left_chopstick.release()
        print(f"{left_chopstick.name} released\n")
```

使用内部互斥锁保护关键代码，以保证同一时间只有一个线程访问

服务员负责筷子的分配和归还

接下来，我们可以将服务员作为锁使用，如下所示：

```
# Chapter 9/deadlock/deadlock_arbitrator.py
class Philosopher(Thread):
    def __init__(self, name: str, waiter: Waiter,
                 left_chopstick: LockWithName,
                 right_chopstick: LockWithName):
        super().__init__()
        self.name = name
        self.left_chopstick = left_chopstick
        self.right_chopstick = right_chopstick
        self.waiter = waiter

    def run(self) -> None:
        global dumplings

        while dumplings > 0:
            print(f"{self.name} asks waiter for chopsticks")
            self.waiter.ask_for_chopsticks(
                self.left_chopstick, self.right_chopstick)

            dumplings -= 1
            print(f"{self.name} eats a dumpling. "
                  f"Dumplings left: {dumplings}")
            print(f"{self.name} returns chopsticks to waiter")
            self.waiter.release_chopsticks(
                self.left_chopstick, self.right_chopstick)
            time.sleep(0.1)
if __name__ == "__main__":
    chopstick_a = LockWithName("chopstick_a")
    chopstick_b = LockWithName("chopstick_b")

    waiter = Waiter()
    philosopher_1 = Philosopher("Philosopher #1", waiter, chopstick_a,
                                chopstick_b)
    philosopher_2 = Philosopher("Philosopher #2", waiter, chopstick_b,
                                chopstick_a)

    philosopher_1.start()
    philosopher_2.start()
```

哲学家向服务员要筷子

吃完饺子，哲学家归还筷子

由于这种方法引入了新的实体，即服务员，因此可能会降低并发性。如果一位哲学家在吃饺子时，他的一位邻居请求拿筷子，即使有可用的筷子，所有其他哲学家都必须等待，直到请求结束。在真实的计算机系统中，仲裁者的工作基本相同，通过控制worker线程的访问，确保有序访问。但是，仲裁解决方案降低了并发性，下一小节将介绍更好的解决方案。

9.2.2 资源层级解决方案

通过为锁设置优先级，规定哲学家先尝试获取相同的筷子，这样就可以有效避免死锁问题，因为哲学家们将竞争第一把锁。

对于两根筷子，两位哲学家都必须同意始终优先获取最高优先级的筷子。在示例中，两位哲学家同时竞争最高优先级的筷子。当一位哲学家获取最高优先级的筷子后，桌子上只剩下低优先级的筷子。由于哲学家同意优先使用最高优先级的筷子，第二位哲学家便无法获取剩下的筷子。此外，获取了第一根筷子的哲学家随后可以获取低优先级的筷子，从而拥有两根筷子。问题迎刃而解！

我们为筷子设置优先级。假设筷子A具有最高优先级，筷子B的优先级稍低。每位哲学家都应该先获取最高优先级的筷子。

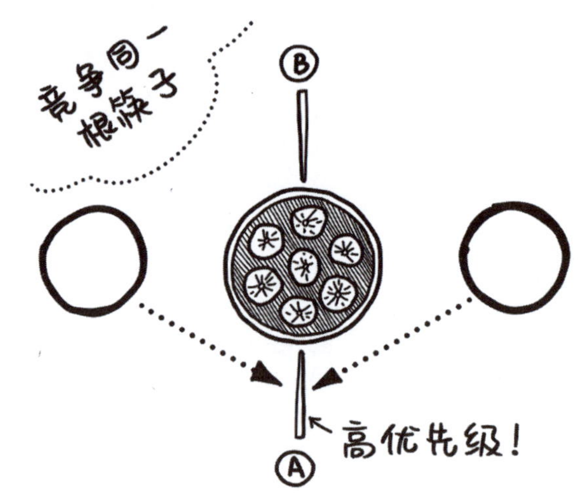

在代码中，哲学家#2先拿起筷子B，再拿起筷子A。为解决此问题，我们改变筷子的获取顺序，但不更改任何其他代码。首先获取筷子A，然后获取筷子B。

```
# Chapter 9/deadlock/deadlock_hierarchy.py
from lock_with_name import LockWithName

from deadlock import Philosopher

if __name__ == "__main__":
    chopstick_a = LockWithName("chopstick_a")
    chopstick_b = LockWithName("chopstick_b")

    philosopher_1 = Philosopher("Philosopher #1", chopstick_a,
chopstick_b)
    philosopher_2 = Philosopher("Philosopher #2", chopstick_a,
chopstick_b)

    philosopher_1.start()
    philosopher_2.start()
```

修改代码后，再次运行程序，可以发现，死锁问题得以解决。

注意

如果任务事先不知道所有要获取的锁，则无法对锁进行排序。此时，可以使用资源分配图(Resource Allocation Graph，RAG)和锁层级等机制来预防死锁。RAG有助于检测并防止进程和资源之间关系中出现的循环。另外，某些编程语言和框架的高级同步方法可以简化锁管理。然而，仍然要谨慎编写和测试代码，因为这些方法无法保证完全消除死锁。

另一种避免死锁的方法是为阻塞设置超时。如果任务在特定时间内无法成功获取所有锁，应强制线程释放当前所有持有的锁。但是，这种做法可能会引发另一个问题，即活锁。

9.3 活锁

活锁与死锁类似，也是发生在两个任务竞争同一资源的情况下。但在活锁中，一个任务在放弃第一个锁后，会尝试获取第二个锁。一旦该任务获取第二个锁，其会再次尝试获取第一个锁。这导致任务处于相同的阻塞状态，因为任务花费所有时间在释放一个锁并尝试获取另一个锁上，而不是执行实际的工作。

假设你正在打电话，但另一端的人也在打电话给你。你们都挂断电话并再次同时拨打电话，就会导致类似活锁的情况。结果，双方无法取得联系。

活锁是指多个任务并发执行，但不能推进程序的运行状态。活锁与死锁类似，但区别在于任务过于“礼貌”，总是让其他任务先完成工作。

假设示例中的哲学家变得更加有礼貌，一旦无法得到两根筷子，就会放弃已获得的一根筷子。

```
# Chapter 9/livelock.py
import time
from threading import Thread
```

```
from deadlock.lock_with_name import LockWithName

dumplings = 20


class Philosopher(Thread):
    def __init__(self, name: str, left_chopstick: LockWithName,
                 right_chopstick: LockWithName):
        super().__init__()
        self.name = name
        self.left_chopstick = left_chopstick
        self.right_chopstick = right_chopstick

    def run(self) -> None:
        global dumplings

        while dumplings > 0:
            self.left_chopstick.acquire()
            print(f"{self.left_chopstick.name} chopstick "
                  f"grabbed by {self.name}")
            if self.right_chopstick.locked():
                print(f"{self.name} cannot get the "
                      f"{self.right_chopstick.name} chopstick, "
                      f"politely concedes...")
            else:
                self.right_chopstick.acquire()
                print(f"{self.right_chopstick.name} chopstick "
                      f"grabbed by {self.name}")
                dumplings -= 1
                print(f"{self.name} eats a dumpling. Dumplings "
                      f"left: {dumplings}")
                time.sleep(1)
                self.right_chopstick.release()
            self.left_chopstick.release()


if __name__ == "__main__":
    chopstick_a = LockWithName("chopstick_a")
    chopstick_b = LockWithName("chopstick_b")

    philosopher_1 = Philosopher("Philosopher #1", chopstick_a, chopstick_b)
    philosopher_2 = Philosopher("Philosopher #2", chopstick_b, chopstick_a)

    philosopher_1.start()
    philosopher_2.start()
```

哲学家拿起左筷子。因为有两位哲学家，每人从桌子拿起一根筷子

如果右筷子可用，则尝试拿起，并吃一个饺子。否则，两位哲学家都放下左筷子

不过，谦让的人永远吃不到饺子。

```
chopstick_a chopstick grabbed by Philosopher # 1
Philosopher # 1 cannot get the chopstick_b chopstick, politely concedes...
chopstick_b chopstick grabbed by Philosopher #  2
Philosopher # 2 cannot get the chopstick_a chopstick, politely concedes...
chopstick_b chopstick grabbed by Philosopher # 2
chopstick_a chopstick grabbed by Philosopher # 1
Philosopher # 2 cannot get the chopstick_a chopstick, politely concedes...
Philosopher # 1 cannot get the chopstick_b chopstick, politely concedes...
chopstick_b chopstick grabbed by Philosopher # 2
chopstick_a chopstick grabbed by Philosopher # 1
Philosopher # 2 cannot get the chopstick_a chopstick, politely concedes...
Philosopher # 1 cannot get the chopstick_b chopstick, politely concedes...
```

除了不产生任何工作成果，活锁还可能导致频繁的上下文切换，从而降低系统的整体性能。此外，操作系统调度器无法实现公平性，因为它无法判断哪个任务等待共享资源的时间最长。

为避免活锁的发生，我们可以像解决死锁一样为锁设置级别。这样，可以确保只有一个进程能成功阻塞两个锁。

注意

识别和处理活锁通常比处理死锁更具挑战性，因为活锁场景涉及多个实体之间复杂且动态的相互作用。

比活锁问题更宽泛的问题被称为饥饿问题。

9.4 饥饿

添加一个局部变量，跟踪每位哲学家所吃的饺子数量。

```python
# Chapter 9/starvation.py
from threading import Thread

from deadlock.lock_with_name import LockWithName

dumplings = 1000


class Philosopher(Thread):
    def __init__(self, name: str, left_chopstick: LockWithName,
                 right_chopstick: LockWithName):
        super().__init__()
        self.name = name
        self.left_chopstick = left_chopstick
```

```
        self.right_chopstick = right_chopstick

    def run(self) -> None:
        global dumplings

        dumplings_eaten = 0
        while dumplings > 0:
            self.left_chopstick.acquire()
            self.right_chopstick.acquire()
            if dumplings > 0:
                dumplings -= 1
                dumplings_eaten += 1
                time.sleep(1e-16)
            self.right_chopstick.release()
            self.left_chopstick.release()
        print(f"{self.name} took {dumplings_eaten} pieces")


if __name__ == "__main__":
    chopstick_a = LockWithName("chopstick_a")
    chopstick_b = LockWithName("chopstick_b")

    threads = []
    for i in range(10):
        threads.append(
            Philosopher(f"Philosopher #{i}", chopstick_a, chopstick_b))

    for thread in threads:
        thread.start()

    for thread in threads:
        thread.join()
```

变量dumplings_eaten用于跟踪哲学家吃的饺子数量

用于跟踪所吃饺子数量的变量为`dumplings_eaten`，其初始值为`0`。这次还增加了哲学家的数量，共有10位。每当一位哲学家吃一个饺子时，变量`dumplings_eaten`就会递增。当程序结束时，可以看到每位哲学家吃的饺子个数不同，这显得很不公平。

```
Philosopher #1 took 417 pieces
Philosopher #9 took 0 pieces
Philosopher #6 took 0 pieces
Philosopher #7 took 0 pieces
Philosopher #5 took 0 pieces
Philosopher #0 took 4 pieces
Philosopher #2 took 3 pieces
Philosopher #8 took 268 pieces
Philosopher #3 took 308 pieces
Philosopher #4 took 0 pieces
```

哲学家#1吃的饺子数量远多于哲学家#8，超过了400个。观察发现，哲学家#8在拿筷子的速度上比较慢，而哲学家#1则很迅速，导致哲学家#8再次陷入等待。而有些哲学家从没抢到过两根筷子。如果偶尔发生这种情况，尚可接受，但如果经常发生，则线程就会被饿死。

顾名思义，饥饿表示线程被饿死了，无法获得所需的资源，也无法取得进展。如果另一个贪婪的任务经常持有共享资源的锁，那么饥饿的任务将没有机会执行。

注意

拒绝服务(Denial of Service，DoS)是著名的对在线服务发起攻击的类型，而饥饿正是拒绝服务的核心原理。在攻击中，攻击者试图耗尽服务器的所有资源。服务耗尽可用资源(存储、内存或计算资源)后出现崩溃，无法正常提供服务。

饥饿通常是由过于简化的调度算法引起的。正如第6章所述，调度算法是运行时系统的一部分。调度算法应当公平地为所有任务分配资源，不让任意任务发生持续阻塞，从而能正常获取完成工作所需的资源。不同任务优先级的处理依赖于操作系统，但通常具有较高优先级的任务会被更频繁地调度执行，这可能造成低优先级任务陷入饥饿。另一个可能导致饥饿的因素是系统中的任务过多，在任务开始执行之前需要等待很长时间。

一种解决饥饿的方法是使用具有优先级队列的调度算法，队列使用老化(aging)技术。老化技术是一种逐渐提升系统中等待时间较长的线程优先级的方法。当线程的优先级提升至足够高时，便会触发调度以访问资源/处理器，并适时终止。本书不详细讨论老化技术，如果读者对老化技术感兴趣，想了解更多，请参考Andrew Tanenbaum的《现代操作系统》[1]一书。但是不要局限于一本书，而是要广泛拓展学习。

在介绍了所有关于同步的知识后，接下来将探讨一些并发设计中的问题。

9.5 同步设计

在设计系统时，将正在处理的问题与已知问题联系起来是很有用的。许多在文献中备受关注的问题，往往能在实际场景中找到对应。其中首要问题就是生产者－消费者问题。

9.5.1 生产者－消费者问题

假设有一个或多个生产者生成数据项并将其放入缓冲区。一些消费者从同一个缓冲区中取出数据项，然后逐个处理。单个生产者按一定的速度生成数据项，并存

---

1 Andrew Tanenbaum，《现代操作系统》(第4版)，培生教育，2015。

储到缓冲区。消费者的行为与之类似，但必须确保不从空缓冲区中读取数据。因此，必须限制系统以防止缓冲区发生冲突操作。简单来说，当缓冲区已满时，应确保生产者不能添加数据；当缓冲区为空时，应确保消费者不能访问数据。在查看代码实现前，不妨自己先尝试一下：

基本实现如下所示。

```
# Chapter 9/producer_consumer.py
import time
from threading import Thread, Semaphore, Lock

SIZE = 5
BUFFER = ["" for i in range(SIZE)]
producer_idx: int = 0
mutex = Lock()
empty = Semaphore(SIZE)
full = Semaphore(0)


class Producer(Thread):
    def __init__(self, name: str, maximum_items: int = 5):
        super().__init__()
        self.counter = 0
        self.name = name
        self.maximum_items = maximum_items

    def next_index(self, index: int) -> int:
        return (index + 1) % SIZE

    def run(self) -> None:
        global producer_idx
        while self.counter < self.maximum_items:
            empty.acquire()
            mutex.acquire()
            self.counter += 1
            BUFFER[producer_idx] = f"{self.name}-{self.counter}"
            print(f"{self.name} produced: "
                  f"'{BUFFER[producer_idx]}' into slot {producer_idx}")
            producer_idx = self.next_index(producer_idx)
            mutex.release()
            full.release()
            time.sleep(1)
```

共享缓存

缓冲区至少有一个位置

进入修改共享缓冲区的关键代码

向缓冲区添加了一个数据项，空位置减1

```
class Consumer(Thread):
    def __init__(self, name: str, maximum_items: int = 10):
        super().__init__()
        self.name = name
        self.idx = 0
        self.counter = 0
        self.maximum_items = maximum_items

    def next_index(self) -> int:
        return (self.idx + 1) % SIZE

    def run(self) -> None:
        while self.counter < self.maximum_items:
            full.acquire()
            mutex.acquire()
            item = BUFFER[self.idx]
            print(f"{self.name} consumed item: "
                  f"'{item}' from slot {self.idx}")
            self.idx = self.next_index()
            self.counter += 1
            mutex.release()
            empty.release()
            time.sleep(2)


if __name__ == "__main__":
    threads = [
        Producer("SpongeBob"),
        Producer("Patrick"),
        Consumer("Squidward")
    ]

    for thread in threads:
        thread.start()

    for thread in threads:
        thread.join()
```

获取下一个要消费的缓冲区索引

缓冲区中至少有一个可消费的数据项

进入修改共享缓冲区的关键代码

消费一个数据项后，缓冲区中有一个可用的空位置

这段代码中使用了三个同步机制。

- full信号量用于跟踪Producer填充的空间。当程序启动时，由于缓冲区完全为空，full信号量被初始化为锁定状态(计数器为0)，意味着生产者还没有将其填满。
- empty信号量用于跟踪缓冲区中的空位置。由于缓冲区一开始为空，因此empty信号量被设置为最大值(代码中的SIZE)。

- mutex用于互斥访问共享缓冲区，每次只能有一个线程可以访问缓冲区。

生产者可以随时将数据项插入缓冲区。在关键区域内，生产者添加一个数据项到缓冲区，并增加所有生产者使用的缓冲区索引。互斥锁控制对关键区域的访问。但在将数据放入缓冲区之前，生产者需尝试获取empty信号量，并将其值减1。如果empty信号量的值为0，表示缓冲区已满，则将阻塞所有生产者，直到缓冲区中有可用空间(empty信号量的值大于0)。在添加一个元素后，生产者释放full信号量。

另一方面，在从缓冲区消费数据之前，消费者尝试获取full信号量。如果full信号量的值为0，表示缓冲区为空，此时将阻塞所有消费者，直到full信号量的值大于0。然后，消费者从缓冲区中取出数据项，并在其关键区域内进行处理。消费者处理完缓冲区中的所有数据后，释放empty信号量，将其值增加1，以此通知生产者有数据项处于空位置。

如果生产者超过消费者，这是常见的情况，则消费者很少会在empty信号量上处于阻塞状态，因为缓冲区通常不会为空。因此，生产者和消费者在使用共享缓冲区的过程中，都不会发生问题。

注意

在Linux中，通过管道进行进程间通信也会出现同样的问题。每个管道也都有缓冲区，由信号量进行保护。

下一小节将讨论另一个经典问题，读者－写者问题。

9.5.2 读者-写者问题

并非所有操作都具有同等影响。如果访问的数据不发生变化，则任意数量的任务对同一数据进行同时读取时不会导致并发问题。这些数据可以是文件、一块内存区域，甚至是CPU寄存器。只要写入数据的操作是互斥的，即没有同时进行的写入操作，就支持对数据进行多任务同时读取。

例如，假设共享数据是图书馆目录。图书馆用户查看目录，寻找感兴趣的书籍。一位或多位图书管理员可能会更新目录。通常，对目录的每一次访问都是关键区域，并强制用户轮流读取目录。但是，这种方式会导致明显的延迟。与此同时，重要的是防止图书管理员之间相互干扰，还要防止在写入时进行读取，以免访问冲突的信息。

概括来说，有些任务仅用于读取数据(读者=图书馆用户)，而有些任务仅用于写入数据(写者=图书管理员)。

- 任意数量的读者可以同时读取共享数据。
- 只有一个写者可以同时写入共享数据。
- 当写者正在写入共享数据时，没有读者可以读取数据。

通过这种方式，避免了由于读/写或写/写错误而导致的竞争条件或错误。

因此，读者是不互斥的任务，而写者是必须和其他任务互斥的任务，包括读者和写者。这样就能高效地解决问题，而不仅仅是使用互斥对共享资源进行保护。

编程库和编程语言通常使用读者—写者锁(Readers-Writer Lock，RWLock)处理并发问题，尤其常用于大型操作。如果受保护的数据是频繁读取且偶尔更新，使用RWLock锁能大幅提高性能。由于Python中没有RWLock锁，下面将展示如何通过代码实现RWLock锁。

```
# Chapter 9/reader_writer/rwlock.py
from threading import Lock

class RWLock:
    def __init__(self) -> None:
        self.readers = 0
        self.read_lock = Lock()
        self.write_lock = Lock()

    def acquire_read(self) -> None:
        self.read_lock.acquire()
        self.readers += 1
        if self.readers == 1:
            self.write_lock.acquire()
        self.read_lock.release()

    def release_read(self) -> None:
        assert self.readers >= 1
        self.read_lock.acquire()
        self.readers -= 1
        if self.readers == 0:
            self.write_lock.release()
        self.read_lock.release()

    def acquire_write(self) -> None:
        self.write_lock.acquire()

    def release_write(self) -> None:
        self.write_lock.release()
```

当前线程获取读取锁。如果有写者正在等待锁，则该方法会阻塞，直到写者释放锁。

释放当前线程的读取锁。如果没有读者持有锁，则该方法释放写入锁

当前线程获取写入锁。如果有读者或写者持有锁，则该方法阻塞，直到释放锁

释放当前线程持有的写入锁

在代码正常运行期间，锁可以被多个读者同时访问。然而，当一个线程想要更新共享数据时，就会被阻塞，直到所有读者释放锁。然后，写者获取锁并更新共享数据。当线程正在更新共享数据时，新的读者线程会被阻塞，直到写者线程完成。

下面是读者和写者线程的实现示例。

```
# Chapter 9/reader_writer/reader_writer.py
import time
import random
from threading import Thread

from rwlock import RWLock

counter = 0
lock = RWLock()

class User(Thread):
    def __init__(self, idx: int):
        super().__init__()
        self.idx = idx

    def run(self) -> None:
        while True:
            lock.acquire_read()
            print(f"User {self.idx} reading: {counter}")
            time.sleep(random.randrange(1, 3))
            lock.release_read()
            time.sleep(0.5)

class Librarian(Thread):
    def run(self) -> None:
        global counter
        while True:
            lock.acquire_write()
            print("Librarian writing...")
            counter += 1
            print(f"New value: {counter}")
            time.sleep(random.randrange(1, 3))
            lock.release_write()

if __name__ == "__main__":
    threads = [
        User(0),
        User(1),
        Librarian()
    ]

    for thread in threads:
        thread.start()

    for thread in threads:
        thread.join()
```

共享数据

代码中包含两个用户线程读取共享内存，以及一个图书管理员线程对数据进行更改。输出结果如下：

```
User 0 reading: 0
User 1 reading: 0
Librarian writing...
New value: 1
User 0 reading: 1
User 1 reading: 1
Librarian writing...
New value: 2
User 0 reading: 2
User 1 reading: 2
User 0 reading: 2
User 1 reading: 2
User 0 reading: 2
User 1 reading: 2
User 0 reading: 2
Librarian writing...
New value: 3
```

输出结果显示，在图书管理员正在写入时，没有用户进行读取。同样，在任一用户仍在读取共享内存时，图书管理员不进行写入。

9.6 再谈并发

本章内容颇为详尽！让我们回顾一下本章的要点。

当涉及线程安全时，良好的设计为开发者提供了最佳保护。避免使用共享资源并尽量减少任务之间的通信，可以减少任务之间相互干扰的可能性。然而，想要创建不使用共享资源的程序是不可避免的。这种情况下，需要使用同步。

同步能确保代码正确运行，但会牺牲性能。即使在不冲突的情况下，锁也会引入延迟。为了让任务访问共享数据，任务必须首先获取与共享数据关联的锁。处理器必须做很多幕后工作，以获取锁、在任务之间同步并监视共享对象。锁和原子操作通常涉及内存屏障和内核级同步，以确保正确的代码保护。如果多个任务尝试获取相同的锁，则开销会进一步增加。全局锁也可能成为可扩展性的限制因素。

因此，尽量可能避免引入任何类型的同步。在通信方面，可以考虑使用消息传递的进程间通信，避免在不同任务之间共享内存，让每个任务都有安全的数据副本。此外，还可以通过改进算法、设计模型、选择合适的数据结构、使用非同步类等方法，避免引入任何类型的同步。

9.7 本章小结

- 并发是个相当棘手的问题，当开发者在程序中实现并发时，可能会遇到各种问题。下面是一些常见的问题。
  - 使用同步不当可能导致死锁。在死锁期间，多个任务因等待其他任务占用的资源而无法继续执行。
  - 活锁与死锁类似，是另一个常见的并发实现问题。活锁是指多个重叠的锁相互干扰，导致对互斥锁的请求反复失败。虽然任务持续运行，但无法完成工作。
  - 程序线程也可能发生饥饿，这是因为有“贪婪”线程独占资源，导致其他线程无法获得CPU时间或访问共享资源。任务被饿死，无法获得资源，从而无法完成工作。饥饿可能是由于调度算法的问题或同步方法使用不当引发的。
- 并发领域并不是新兴领域，许多常见的设计问题早已得到解决，并已成为需要学习的实践方法或设计模式。其中，最著名的是生产者－消费者问题和读者－写者问题，使用信号量和互斥锁处理并发非常高效。

第三篇

异步章鱼：使用并发原理烹饪比萨

设想一下，你在一家比萨餐厅里，看到章鱼厨师在厨房里忙碌地烹饪比萨。章鱼厨师动作敏捷，触手如波浪般完美地协调着，有序地完成抛面团、涂酱料、撒配料等步骤，让人不禁对章鱼处理多任务的能力感到惊叹。但是，比萨餐厅如何同时处理几十甚至几百份订单呢？答案在于使用异步通信！

本书的最后一篇将注意力转向另一种类型的章鱼，即异步章鱼。和其他同步章鱼一样，异步章鱼也擅长同时处理多个任务。但是，异步章鱼的特别之处在于，它可以在不阻塞和等待任务完成之前开始下一个任务。

在第10～13章，我们将通过比萨店的运营视角探索非阻塞I/O、事件驱动并发和异步通信的世界，展示不同的并发处理方法对程序速度和效率的影响，以及如何编写能够处理大量请求的并发程序。

在探索处理并发的各种技术和方法时，不必担心难以掌握它们。这些方法相互配合，就像指挥家将各式乐器汇聚到一起，演奏出和谐的交响乐。

让我们拿起一块比萨，开始学习吧！

第10章 非阻塞式I/O

本章内容：

- 学习分布式计算机网络中的消息传递进程间通信
- 掌握客户端-服务器程序
- 在I/O操作中使用多线程或多进程的限制
- 学习非阻塞操作及其如何改善I/O密集型操作

随着处理器的速度不断提升，处理器能在给定时间内执行更多操作，但I/O速度却难以赶上处理器。与CPU操作相比，现今的程序在很大程度上依赖于I/O，导致像写入硬盘或从网络读取这样的任务持续时间较长。因此，在等待I/O操作完成期间，处理器处于空闲状态，无法执行其他任务。对于高性能程序而言，I/O限制构成了严重瓶颈。

本章通过深入研究消息传递进程间通信，探索解决I/O瓶颈的方案。基于对线程模型的理解，本章探究线程在高负载I/O场景中的应用，重点关注其在Web服务器开发中的使用。Web服务器是展示异步编程和相关概念的绝佳示例，在开发Web服务的过程中，开发者能充分利用并发编程的能力。后续章节将介绍更多并发方法。

10.1 世界是分布式的

并发早已超越了单台计算机。互联网和万维网已成为现代生活的支柱，网络技术将数百甚至数千台分布式计算机连接起来，出现了分布式系统和分布式计算。分布式系统中的任务可以在同一台计算机上运行，也可以在同一局域网或地理上相隔较远的不同计算机上运行。分布式系统基于不同的相互关联的技术，其中最重要的是消息传递进程间通信(第5章已有介绍)。

在分布式系统中，单台机器上的任务是组件，而资源是计算机的所有硬件组件和委托给特定计算节点的独立函数。数据存储在程序进程内存中，节点之间的通信通过网络上的专用协议进行。在节点与节点之间的通信中，最常见的是客户端-服务器模型。

10.2 客户端-服务器模型

客户端-服务器模型有两种类型的进程，即客户端和服务器。服务器程序向客户端程序提供服务。客户端通过连接到服务器发起通信。然后，客户端可以通过向服务器发送消息来请求服务。服务器不断接收来自客户端的服务请求，执行相应的服务，并在必要时向客户端返回完成消息。最后，客户端断开连接。

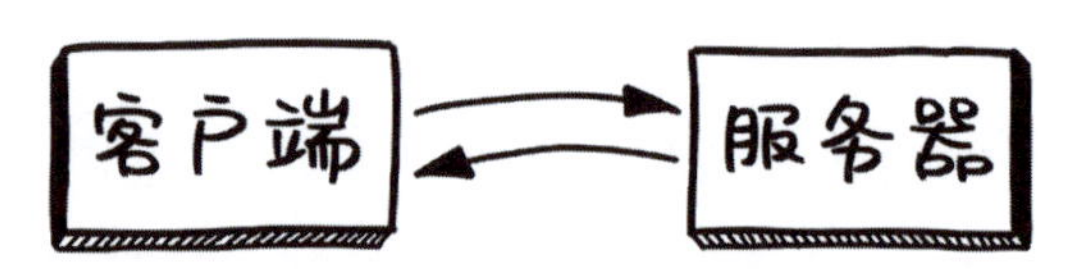

许多网络应用均遵循此工作模式。Web浏览器是Web服务器的客户端，电子邮件是电子邮件服务器的客户端，以此类推。客户端和服务器可以通过网络套接字进行通信。

第5章在讨论消息传递IPC时介绍了套接字的概念，本节将探讨另一种不同类型的套接字，即网络套接字。网络套接字与UNIX域套接字相同，但用于在网络上发送消息。网络可以是逻辑网络、计算机局域网，或与外部网络进行物理连接的网络。最知名的例子是互联网。

网络套接字有多种类型，本章将重点关注TCP/IP套接字。TCP/IP能确保数据的可靠传输，用途广泛。使用TCP/IP套接字建立连接，意味着当信息可以在两个进程之间发送之前，两个进程必须达成一致。在整个通信会话期间，两个进程都要维持连接。

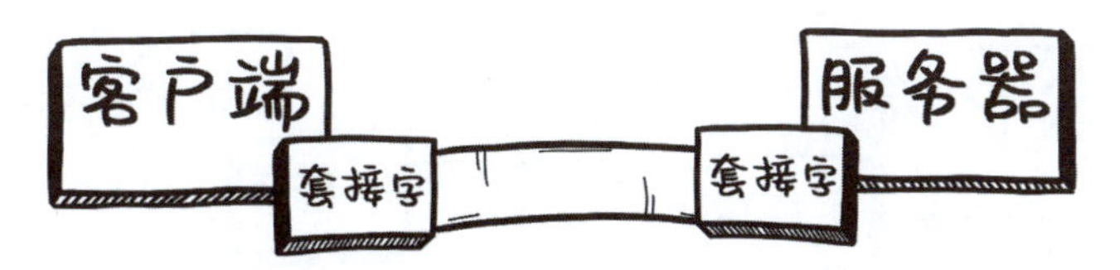

网络套接字是操作系统用于网络通信的抽象概念。对于开发者而言，套接字表示连接的端点。套接字负责读取和写入网络数据，并将数据发送到网络。每个套接字都包含两个重要的元素，即IP地址和端口。

IP地址

每个连接到网络的设备(主机)都有一个唯一标识符，IP地址就是这个唯一标识符。IP地址(v4)有通用的格式，由四个用点分隔的数字组成，如8.8.8.8。使用IP地址可以将套接字连接到网络上的任何特定主机，包括打印机、收银机、冰箱、服务器、大型计算机、个人计算机等。

在很多方面，IP地址类似于街道上房屋的邮寄地址。每条街都有一个名称，如第五大道，街上有多栋房子，每栋房子都有唯一编号。因此，第五大道175号与第五大道350号拥有不同的房屋编号。

端口

为了在客户端连接的单台计算机上容纳多个服务器应用，需要一种机制将来自同一网络接口的流量路由到不同的程序。通过在每台计算机上使用多个端口，可以实现该目标。

每个端口都作为特定程序的入口，主动监听传入的请求。服务器进程绑定到特定的端口，并处于监听状态，准备处理客户端连接。反之，客户端需要知道服务器正在监听的端口号以建立连接。

某些保留的端口用于系统级进程，并作为特定服务的标准端口。保留端口为客户端提供了一种一致且可识别的连接到相应服务的方式。端口就像商业中心的办公室，每个部门都有专属的服务设施。

客户端和服务器都有自己的套接字，以便相互连接。服务器套接字在特定端口上监听，而客户端套接字在该端口上连接到服务器套接字。一旦建立连接，数据交换随即开始。类似于商业中心，企业A有自己的办公室，客户通过连接到该办公室来接收服务。

发送方进程将所需信息放入消息中，并明确地通过网络将消息发送到接收方套接字。接收方进程像UDS套接字(参见第5章)一样读取消息。交换中的进程可以在同一台计算机上执行，也可以在通过网络连接的不同计算机上执行。

借助服务器端示例，我们探讨了并发的进展及其带来的新挑战。对于套接字通信，我们没有深入研究网络模型和协议栈。网络和套接字是一个庞大的主题，已经有很多关于网络的著作。如果你刚刚接触套接字或网络，不必对术语和细节感到惊慌。如果你想深入研究网络，可以阅读Andrew Tanenbaum所著的《现代操作系统》。[1]

有了对网络套接字和客户端-服务器通信的基本了解，就可以构建第一个服务器。我们从最简单的顺序服务器开始，逐步改进，分析并发转变为异步的过程以及原因。

10.3　比萨点餐服务

在20世纪80年代，Santa Cruz Operation公司(为创建互联网做出了比Al Gore更大的贡献)为加州圣克鲁兹市中心的一家比萨店的开发者们订购了很多比萨。因为用电话订购的时间太长，所以开发者们开发了世界上第一个商业应用，通过应用终端与比萨店的另一个终端进行通信，实现了比萨订购和支付。当时，还处于使用广域网连接的哑终端时代。如今，通信过程更为复杂。让我们花点时间，用更先进的技术实现网络点餐。我们为当地的比萨店实现了比萨订购服务器，该服务器支持接收来自客户端的比萨订单，并回复“谢谢惠顾”的消息。

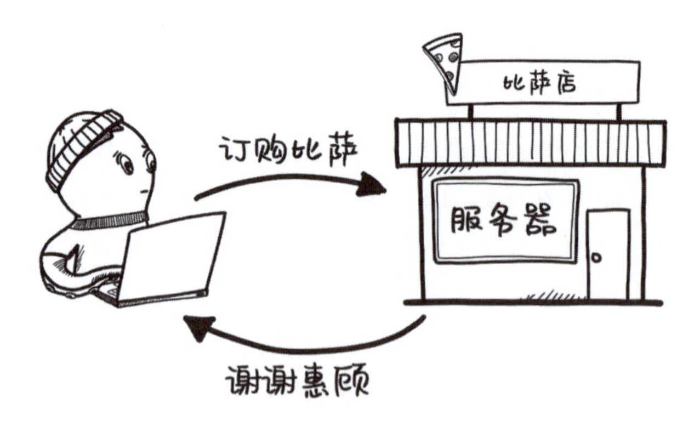

服务器程序必须提供服务器套接字供客户端连接，需要将套接字绑定到IP地址和端口。然后，服务器程序必须监听传入的连接请求。

1　Andrew Tanenbaum，《现代操作系统》(第4版)，培生教育，2015。

```python
# Chapter 10/pizza_server.py
from socket import socket, create_server

BUFFER_SIZE = 1024
ADDRESS = ("127.0.0.1", 12345)


class Server:
    def __init__(self) -> None:
        try:
            print(f"Starting up at: {ADDRESS}")
            self.server_socket: socket = create_server(ADDRESS)
        except OSError:
            self.server_socket.close()
            print("\nServer stopped.")

    def accept(self) -> socket:
        conn, client_address = self.server_socket.accept()
        print(f"Connected to {client_address}")
        return conn

    def serve(self, conn: socket) -> None:
        try:
            while True:
                data = conn.recv(BUFFER_SIZE)
                if not data:
                    break
                try:
                    order = int(data.decode())
                    response = f"Thank you for ordering {order} pizzas!\n"
                except ValueError:
                    response = "Wrong number of pizzas, please try again\n"
                print(f"Sending message to {conn.getpeername()}")
                conn.send(response.encode())
        finally:
            print(f"Connection with {conn.getpeername()} has been closed")
            conn.close()

    def start(self) -> None:
        print("Server listening for incoming connections")
        try:
            while True:
                conn = self.accept()
                self.serve(conn)
        finally:
            self.server_socket.close()
            print("\nServer stopped.")
```

同时接收数据的最大量

定义主机地址与端口

连接指定地址的服务器套接字对象

阻塞直到客户端连接到服务器套接字，并返回一个新的连接和该客户端的套接字

从客户端套接字持续接收数据，直到没有新数据

向客户端套接字发送响应

结束服务后，关闭客户端套接字

接收传入的连接，服务每个客户端，直到服务器关闭

```
if __name__ == "__main__":
    server = Server()
    server.start()
```

在示例中，本地计算机使用地址127.0.0.1(本地机器)和端口12345。通过create_server()方法将套接字绑定到主机和端口。服务器通过IP和端口接收传入的客户端连接。使用accept()方法等待客户端连接，并且服务器在此状态过程中保持等待，直至接收到传入的客户端连接。

当建立客户端连接时，服务器将返回一个表示连接和客户端地址的新套接字对象。服务器套接字创建一个新的套接字，用于与客户端进行通信。这样，服务器便与客户端建立了连接，并且可以与客户端进行通信。服务器准备就绪。

现在，启动服务器：

```
$ python pizza_server.py
```

执行启动命令后，终端会挂起，因为服务器阻塞在accept()方法上，所以正在等待新的客户端连接。

我们使用Netcat(http://netcat.sourceforge.net)作为客户端(或者可以使用第10章提供的pizza_client.py代码)。要运行客户端，需要在UNIX/macOS上打开另一个终端窗口，使用以下命令启动客户端：

```
$ nc 127.0.0.1 12345
```

注意

在Windows系统中，命令为ncat:$ ncat 127.0.0.1 12345。

客户端运行后，即可输入比萨的订购信息。如果服务器正常工作，则能从服务器中收到如下响应：

```
$ nc 127.0.0.1 12345
10
Thank you for ordering 10 pizzas!
```

服务器生成如下输出：

```
Starting up on: 127.0.0.1:12345
Server listening for incoming connections
Connected to ('127.0.0.1', 52856)
Sending message to ('127.0.0.1', 52856)
Connection with ('127.0.0.1', 52856) has been closed
```

服务器监听传入的连接请求。当建立客户端连接时，服务器与其进行通信，直到连接关闭(通过关闭客户端来关闭连接)。然后，服务器继续监听新的连接请求。建议读者们仔细研究这段代码。

服务器正常运行，客户端现在可以使用比萨服务下订单了！但是在代码实现中，我们忽略了一个重要问题。

10.3.1 并发需求

类似于Santa Cruz Operation公司，上一节实现的服务器不支持并发。当多个客户端尝试同时连接服务器时，一个客户端连接并占用服务器，而其他客户端必须等待当前客户端断开连接。所以，单个客户端连接会造成服务器阻塞！

不妨尝试以下操作：在另一个单独的终端上运行新的客户端，你会发现第二个客户端连接保持挂起状态，直到第一个客户端终止连接。并发性能决定了服务器同时处理多个客户端连接的能力。

然而，在实际的网络程序中，并发是不可避免的。多个客户端和多台务器相互连接，同时发送和接收消息，并等待及时的响应。因此，网络程序本质上也是需要并发处理的系统。并发不仅是网络架构的特性，为了最大程度利用硬件设备，并发还是实现大规模网络应用的必要条件和决定性条件。

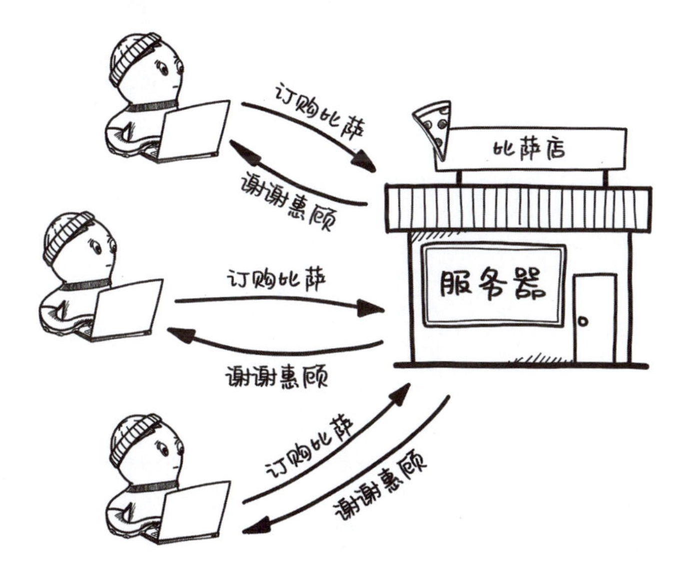

10.3.2 多线程比萨服务器

标准的解决方案是使用线程或进程。如前所述，线程通常更轻量，因此我们使用线程来实现。

```
# Chapter 10/threaded_pizza_server.py
from socket import socket, create_server
from threading import Thread

BUFFER_SIZE = 1024
ADDRESS = ("127.0.0.1", 12345)


class Handler(Thread):
    def __init__(self, conn: socket):
        super().__init__()
        self.conn = conn

    def run(self) -> None:
        print(f"Connected to {self.conn.getpeername()}")
        try:
            while True:
                data = self.conn.recv(BUFFER_SIZE)
                if not data:
                    break
                try:
                    order = int(data.decode())
                    response = f"Thank you for ordering {order} pizzas!\n"
                except ValueError:
                    response = "Wrong number of pizzas, please try again\n"
                print(f"Sending message to {self.conn.getpeername()}")
                self.conn.send(response.encode())
        finally:
            print(f"Connection with {self.conn.getpeername()} "
                  f"has been closed")
            self.conn.close()


class Server:
    def __init__(self) -> None:
        try:
            print(f"Starting up at: {ADDRESS}")
            self.server_socket = create_server(ADDRESS)
        except OSError:
            self.server_socket.close()
            print("\nServer stopped.")

    def start(self) -> None:
        print("Server listening for incoming connections")
        try:
```

```
            while True:
                conn, address = self.server_socket.accept()
                print(f"Client connection request from {address}")
                thread = Handler(conn)
                thread.start()
        finally:
            self.server_socket.close()
            print("\nServer stopped.")


if __name__ == "__main__":
    server = Server()
    server.start()
```

对于每个客户端而言，当接收到客户端连接请求时，会创建一个新的线程来处理这个连接

在这段代码中，主线程包含一个正在监听的服务器套接字，用于接收来自客户端的传入连接。每个连接到服务器的客户端都在单独的线程中进行处理。服务器创建新线程与客户端通信。其余代码保持不变。

通过使用多线程，实现了并发。操作系统利用抢占式调度重叠多个线程。因为处理请求所需的所有线程支持统一编写，所以这种编程方式非常简单。此外，多线程提供了对底层的简单抽象，开发者不必考虑底层调度细节，可以直接使用操作系统和执行环境。

注意

许多技术都使用了多线程，如流行的Apache Web服务器的MPM Prefork模块、Jakarta EE中的Servlet(版本小于3)、Spring Framework(版本小于5)、Ruby on Rails的Phusion Passenger、Python Flask等。

多线程服务器似乎完美解决了同时为多个客户端提供服务的问题，但同时存在一定的开销。

10.3.3 C10k问题

现代服务器应用需要同时处理成百上千甚至数万个客户端请求(线程)，并及时响应。尽管线程的创建和管理相对容易，但操作系统需要花费大量时间、宝贵的内存空间和其他资源管理线程。对于处理单个请求等小任务而言，线程管理所带来的开销可能会超过并发执行带来的好处。

注意

许多操作系统在处理数千个线程，甚至更少的线程时，就会遇到问题。可以使用第10章提供的thread_cost.py代码来测试你的机器。

操作系统与所有线程共享CPU时间，无论线程是否准备好继续执行。例如，一个线程可能正在等待套接字上的数据，但操作系统调度器可能在执行任何有用的工作之前多次在该线程之间切换。使用多个线程或进程来同时响应数千个连接请求，会占用大量系统资源，降低响应能力。

回顾第6章中介绍的抢占式调度器，它将CPU内核分配给一个线程。如果机器负载较重，则可能需要短暂的等待时间。线程在使用分配得到的CPU时间后，会返回就绪状态，以等待新的CPU时间切片。

设想一下，你将调度器周期定义为10 ms，有两个线程，每个线程分别获得5 ms。如果有五个线程，则每个线程将获得2 ms。但是如果有1000个线程，会发生什么呢？每个线程只能获得10 ms的时间。这种情况下，线程将花费大量时间切换上下文，并且无法执行任何实际工作。

因此，需要限制时间切片的长度。在后一种情况下，如果最小时间切片为2 ms，并且有1000个线程，则调度器周期需要增加到2 s。如果有10,000个线程，则调度器周期需要增加到20 s。

在这个简单的例子中，如果每个线程都使用其完整的时间切片，则所有线程同时运行将需要20 s，时间过长。

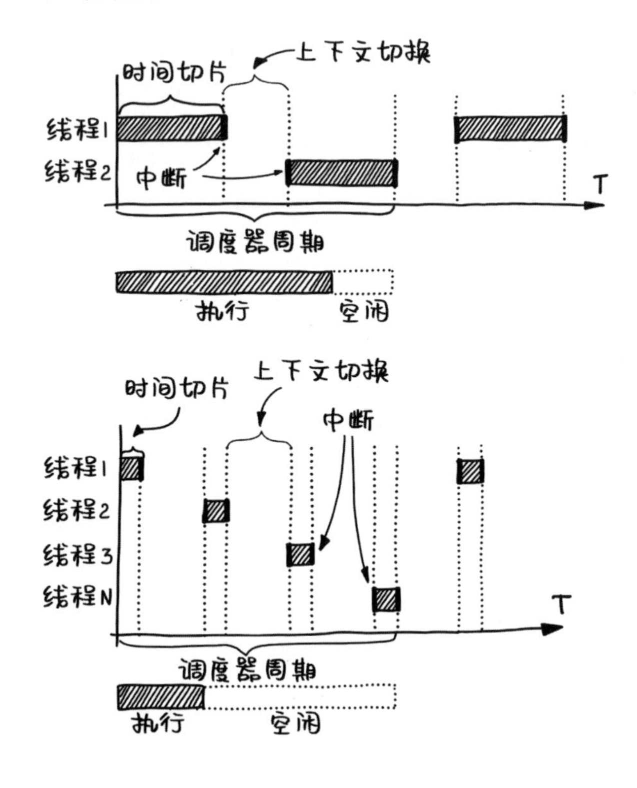

切换上下文会消耗宝贵的CPU时间。线程数量越多，切换上下文所花费的时间就越多，从而无法完成工作。因此，启动和停止线程的开销可能会非常高。

在高并发情况下(如果你可以配置操作系统创建大量线程，如达到10,000个线程)，由于频繁的上下文切换导致开销增加，拥有许多线程可能会影响吞吐量。这是一个可扩展性问题，称为C10k问题，[1]即服务器无法处理超过10,000个同时连接。

注意

随着技术的发展，C10k问题已经演变为C10m问题，即如何支持1000万个并发连接，或每秒处理100万个连接。

遗憾的是，使用线程无法解决C10k问题。要解决C10k问题，我们需要改进方案。但首先，我们需要了解使用线程的意义，线程的作用是处理阻塞操作。

10.4 阻塞式I/O

当等待I/O数据时，会出现延迟响应。当从硬盘请求文件时，延迟可能较小。而从网络请求数据时，延迟则较长，因为数据必须经过更长的距离才能到达调用方。例如，存储在硬盘上的文件必须通过SATA电缆和主板总线到达CPU，位于远程服务器上的网络资源数据必须通过数千米的网络电缆和路由器，并最终通过计算机中的网卡传输到CPU。这意味着在I/O系统调用完成之前，程序将处于阻塞状态。调用程序处于等待状态期间不使用CPU，仅处于等待响应状态，因此从处理的角度来看效率较低。而且，I/O操作越频繁，处理器越空闲，无法执行任何实际工作。

注意

任何输入/输出操作在本质上都是顺序的，即发送信号并等待响应。在输入/输出过程中没有并发，因此适用阿姆达尔定律(详见第2章)。

10.4.1 烤箱与阻塞

假设你决定在家里做比萨而不是订购外卖。为了做比萨，你在面饼上加酱料、奶酪、意大利辣香肠和橄榄。然后，将比萨放进烤箱，等待奶酪融化和面饼变色。在此之后，无需其他操作，烤箱将负责烹饪。你只需要等待合适的时机，将比萨从烤箱中取出。

因此，你在烤箱前放置一把椅子，坐下并紧盯着比萨，以防烤焦。

---

1 Daniel Kegel，《Clok 问题》，网址为 http://www.kegel.com/clok.html。

在顺序执行中，你无法做其他事情，因为大部分时间都要在烤箱前等待。这是一个同步任务，你与烤箱“同步”。你必须等待烤箱完成比萨的烹饪。

同样，传统的`send()`和`recv()`套接字调用是阻塞的。如果没有待接收的消息，`recv()`会阻塞程序，直到接收到数据，就像拿一把椅子坐下，等待客户端发送数据。

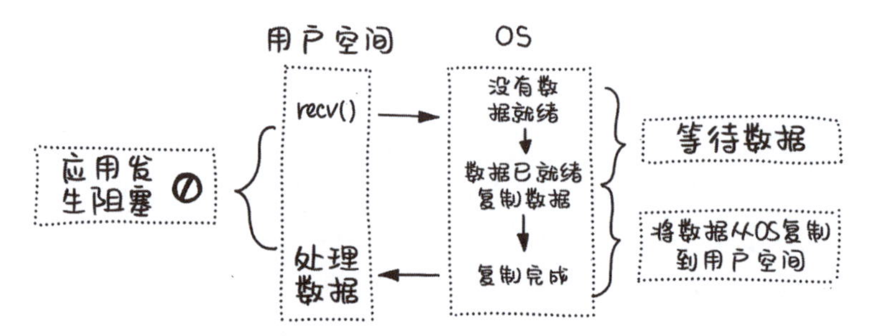

除非另有说明，几乎所有I/O接口(包括网络套接字接口)都是阻塞的。对于传统的桌面应用而言，I/O密集型操作并不多。但对于Web服务器而言，I/O操作则非常频繁，而且事实证明，服务器在等待来自客户端响应期间不使用CPU。因为I/O操作的阻塞特性，同步通信非常低效。

10.4.2 操作系统优化

为什么要让CPU处于等待请求的状态呢？当任务被阻塞时，操作系统会将其置于阻塞状态，直到I/O操作完成。为了高效利用物理资源，操作系统应立即“暂停”阻塞的任务，将其从CPU内核中移除并存储在系统中，同时分配CPU时间给另一个处于就绪状态的任务。一旦I/O操作完成，任务便会退出阻塞状态，进入就绪状态。如果操作系统调度器决定调用，则任务将继续进入运行状态。

对于CPU密集型程序而言，上下文切换将成为性能的噩梦。由于计算任务始终有任务可执行，无需等待，上下文切换会导致工作中断。

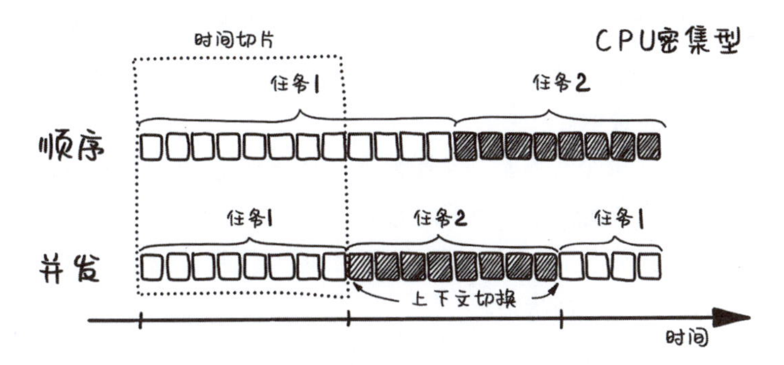

对于包含大量I/O操作的程序而言，上下文切换是有益的。一旦任务进入阻塞状态，即由一个处于就绪状态的任务取而代之。处理器保持繁忙，持续完成工作(就绪状态的任务)。I/O密集型任务与CPU密集型任务的情况完全不同。

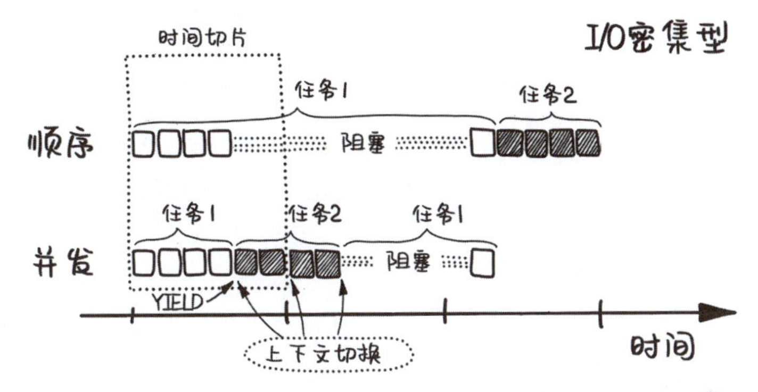

因此，函数若发生阻塞(不管什么原因)，它可能会延迟其他任务的执行，从而影响整个系统的整体进度。如果是因为执行CPU任务导致函数被阻塞，我们将无能为力。然而，如果是因为I/O操作而被阻塞，CPU则处于空闲状态，此时可以让CPU执行另一个任务。

阻塞不仅发生在I/O操作中(进程的内外交互，可能通过网络、文件写入/读取、用户与命令行或GUI交互等)，还存在于所有并发程序中。并发模块不使用顺序程序同步工作的方式，而是通过协调和等待来完成任务。

接下来，我们将探讨如何创建不会发生阻塞的操作。

10.5 非阻塞式I/O

回顾第6章所述，实现并发但不借助并行是可行的，这样有助于处理大量I/O任务。我们可以放弃基于线程的并发模型，轻而采用非阻塞I/O，实现更高的可扩展性，通过非阻塞I/O避免C10K问题。

非阻塞I/O是请求一个I/O操作，不需要等待其响应，就可以继续进行其他任务。

例如，当使用非阻塞读取时，可以在执行线程处理其他事情(如处理另一个连接)的同时，通过网络套接字请求数据，直到数据被放入缓冲区。但也存在缺点，即需要定期检查数据是否准备读取。

在前述示例中，每个线程都必须阻塞并等待I/O返回数据。本节使用另一种套接字访问机制，即非阻塞套接字。所有阻塞套接字都可以设置为非阻塞模式。

回到烹饪比萨的示例，这次你不需要一直盯着烤箱。只需定期走到烤箱边，打开烤箱灯，检查比萨的烹饪状态。

同样，通过将套接字设置为非阻塞模式，可以高效地进行轮询。非阻塞的结果是I/O命令无法立即执行。如果我们尝试从非阻塞套接字中读取数据，而没有数据可用时，则将返回一个错误(根据实现方式，可能返回特殊值，如EWOULDBLOCK或EAGAIN)。最简单的非阻塞方法是通过在同一套接字上反复调用I/O操作，创建一个无限循环。一旦有I/O操作标记为完成，即处理该操作。这种方法称为忙等待(busy-waiting)。

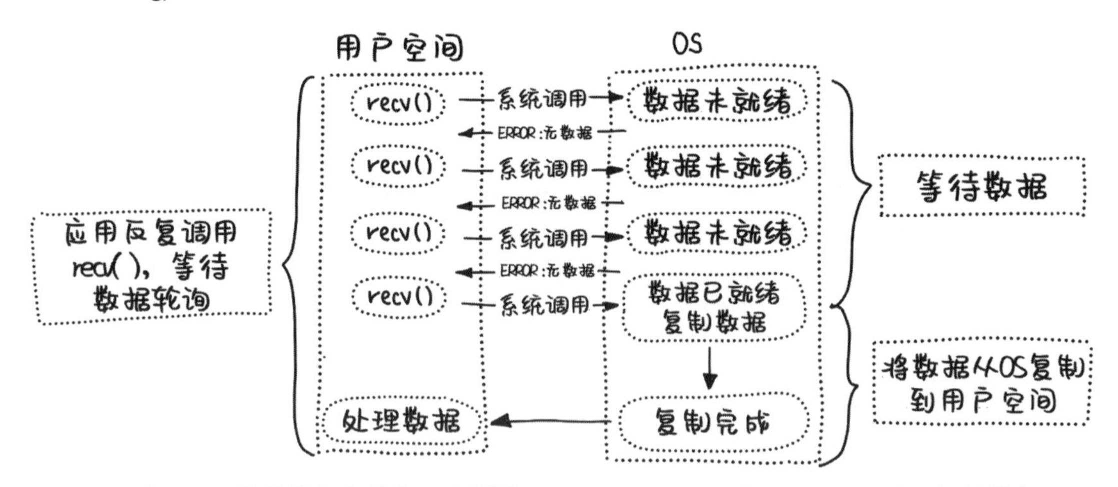

在Python的非阻塞实现中，当调用`send()`、`recv()`或`accept()`时，如果设备没有可读取的数据，则会引发`BlockingIOError`异常，而不是阻塞执行。这表示此处应该被阻塞，并且调用方应该尝试重复此操作。

我们还可以删除创建新线程的步骤。在非阻塞I/O方法中，创建新线程并不具备明显的优势。相反，新线程会消耗更多的内存，上下文切换同样会浪费时间。代码实现如下所示：

```
# Chapter 10/pizza_busy_wait.py
import typing as T
from socket import socket, create_server

BUFFER_SIZE = 1024
ADDRESS = ("127.0.0.1", 12345)


class Server:
    clients: T.Set[socket] = set()

    def __init__(self) -> None:
        try:
            print(f"Starting up at: {ADDRESS}")
            self.server_socket = create_server(ADDRESS)
            self.server_socket.setblocking(False)
        except OSError:
            self.server_socket.close()
            print("\nServer stopped.")

    def accept(self) -> None:
        try:
            conn, address = self.server_socket.accept()
            print(f"Connected to {address}")
            conn.setblocking(False)
            self.clients.add(conn)
        except BlockingIOError:
            pass

    def serve(self, conn: socket) -> None:
        try:
            while True:
                data = conn.recv(BUFFER_SIZE)
                if not data:
                    break
                try:
                    order = int(data.decode())
                    response = f"Thank you for ordering {order} pizzas!\n"
                except ValueError:
                    response = "Wrong number of pizzas, please try again\n"
                print(f"Sending message to {conn.getpeername()}")
                conn.send(response.encode())
        except BlockingIOError:
            pass
```

将服务器套接字设置为非阻塞模式，这样在等待连接时，套接字不发生阻塞

读取套接字时，如果没有数据，则触发此异常。这样可避免程序发生阻塞，继续执行其他有数据的客户端

```
    def start(self) -> None:
        print("Server listening for incoming connections")
        try:
            while True:
                self.accept()
                for conn in self.clients.copy():
                    self.serve(conn)
        finally:
            self.server_socket.close()
            print("\nServer stopped.")


if __name__ == "__main__":
    server = Server()
    server.start()
```

在这个服务器实现中，我们通过调用`setblocking(False)`将套接字设置为非阻塞，因此服务器程序永远不会等待操作完成。然后，对于每个非阻塞套接字，我们在一个无限循环中尝试执行`accept()`、`read()`和`send()`操作来进行轮询。轮询会不断尝试执行这些操作，由于套接字是非阻塞的，在`send()`期间无法知道套接字是否已经准备就绪，因此必须不断尝试直到操作成功。其他调用也是如此。因此，`send()`、`recv()`和`accept()`调用可以在不执行任何操作的情况下，将控制权返回给主线程。

注意

人们普遍错误地认为非阻塞I/O能提高I/O操作的速度。尽管非阻塞I/O不会阻塞任务，但并不一定执行得更快。相反，它使程序能够在等待I/O操作完成时，执行其他任务。这有助于更好地利用处理器时间和高效处理多个连接，从而提高整体性能。I/O操作的速度主要由硬件和网络特性决定，非阻塞I/O不会影响这些因素。

由于没有阻塞I/O，即使使用单线程，多个I/O操作也会重叠。因为多个任务同时运行(如第6章所述)，给人产生了并行的假象。

在适宜的情况下，使用非阻塞I/O可以隐藏延迟，提高程序的吞吐量、响应性。非阻塞I/O支持使用单线程，避免了线程之间的同步问题，降低了线程管理和相关系统资源的成本。

10.6 本章小结

- 通过消息传递进程间通信进行交互，在客户端-服务器程序中，无法避免并发。多个客户端和服务器通过网络连接，同时发送和接收消息，并等待及时的响应。

- 当程序运行I/O密集代码时，处理器经常因为当前唯一运行的代码正在等待I/O，导致长时间空闲。
- 在返回给调用方之前，阻塞接口会完成所有工作。非阻塞接口仅执行部分工作后立即返回，从而能让程序执行其他工作。在I/O工作量大于CPU工作量的情况下，非阻塞I/O能提高效率。
- 操作系统线程(特别是进程)适用于长时间运行的少量任务，因为使用大量线程会受制于频繁的上下文切换，且与线程栈大小相关的内存消耗也会导致性能下降。降低创建线程或进程成本的一种简单方法是使用忙等待。通过使用单线程的非阻塞操作，可以并发处理多个客户端请求。

第11章 事件驱动并发

本章内容：

- 学习如何改进第10章中的低效忙等待方法
- 进一步了解消息传递IPC中的同步
- 学习事件驱动并发
- 学习反应器设计模式

并发是现代软件开发的关键，它使程序能够同时执行多个任务并最大限度地利用硬件资源。虽然传统的基于线程/进程的并发技术被广泛使用，但并不适合所有程序。实际上，在高负载的I/O密集型程序中，事件驱动并发通常是更高效的解决方案。

事件驱动并发需要将程序组织成围绕事件或消息，而不是线程或进程。当事件发生时，程序通过调用处理函数响应事件，并执行必要的处理。相比于传统的并发模型，这种方法具有多个优点，包括较低的资源占用、更好的可扩展性和响应性。

在现实世界中，事件驱动并发在许多高性能程序中都有实际应用，如Web服务器、消息系统和游戏平台。其中，Web服务器可以使用事件驱动并发处理大量的同时连接，并且资源消耗较少；消息系统可以使用事件驱动并发高效处理大量消息。

本章将更详细地探讨事件驱动并发，将其与传统的基于线程/进程的并发进行比较，并讨论事件驱动并发在客户端-服务器程序中的常见用法。我们将分析事件驱动并发的优点和缺点，并讨论如何高效地设计和实现事件驱动程序。通过本章的学习，你将对事件驱动并发及其应用有深入的理解，从而能够为开发项目选择合适的方法。

11.1 事件

回顾第10章中提到的比萨案例，使用忙等待方法烤制比萨的效率非常低。无论套接字处于何种状态，忙等待方法都需要不断轮询所有套接字。如果有10,000个套接字，且只有最后一个套接字准备好发送/接收数据，则必须遍历所有套接字，最终才能发现消息实际上在最后一个套接字上等待发送。CPU会在轮询检查套接字的过程中持续运行。这意味着有99%的CPU时间被用于轮询，而不是执行其他CPU密集型任务，这显然是低效的。

我们需要一种高效的机制，即本节将要介绍的事件驱动并发。

想知道比萨何时烤好，为什么不设置一个定时器，在比萨烤好时通知我们呢？这样，我们就可以在等待事件发生时处理其他事情。当定时器通知我们比萨已经准备好时，便可以处理该事件并享用热腾腾的比萨。

事件驱动并发专注于事件。我们只是等待某些事情发生，即等待一个事件。事件可以是I/O事件，如可以消耗的数据或准备写入的套接字，也可以是其他任何事件，如定时器触发。当事件发生时，我们会检查事件的类型，并进行少量的工作来处理该事件(包括执行I/O请求、调度其他事件等)。

注意

因为界面的目的是响应用户的操作，所以用户界面几乎总是以事件驱动的程序形式设计的。例如，JavaScript历来用于与文档对象模型(Document Object Model，DOM)和浏览器中的用户进行交互，因此JavaScript语言天生适合事件驱动的编程模型。但是，事件风格在一些现代系统中变得流行，包括服务器端框架，如Node.js。另一个事件驱动并发的例子是React.js库，其常用于构建用户界面。React.js使用虚拟DOM和事件处理程序来响应用户输入或其他事件，并更新用户界面，而不是直接更新DOM。这种方法使得React.js能够最小化DOM更新次数，并通过批量更新提高性能。

11.2 回调

在事件驱动的程序中，我们需要指定每个事件发生时要运行的代码。这段代码被称为回调函数。

回调函数的含义相当于“回电话给我”，其原理类似于电话回拨的顺序。假设你打电话给一个操作员订购比萨，但得到的是答录机的回应，并询问你是否愿意等待或请求回拨。如果你请求回拨，则操作员将在有空时给你回电话并接收你的订单。你可以请求回拨并处理其他事情，无需等待操作员接听。一旦发生回调，你就可以继续处理事情并订购比萨。

注意

基于回调的代码通常使得控制流变得晦涩难懂，更难以调试，代码不再清晰易读。以前，我们可以按顺序阅读代码，但如今我们需要将逻辑分散到多个回调函数中。代码中的一系列操作可能导致一连串嵌套的回调，也称为“回调地狱”。

事件驱动并发依赖于事件循环，有了事件和回调函数，二者该如何工作呢？

11.3 事件循环

结合不同的事件和回调函数，意味着需要引入一个控制实体，用于跟踪不同事件并运行相应的回调函数。这样的实体通常被称为事件循环。

与忙等待实现中的轮询事件不同，在事件循环中，到达事件会被加入到事件队列中。事件循环会等待事件，不断从队列中获取事件，并调用相应的回调函数。

下图展示了典型的事件驱动程序的执行流程。事件循环不断从事件队列中获取事件，并进行相应的回调。尽管该图仅展示了一个特定事件映射到一个回调函数，但在一些事件驱动程序中，事件和回调函数的数量理论上可以是无限的。

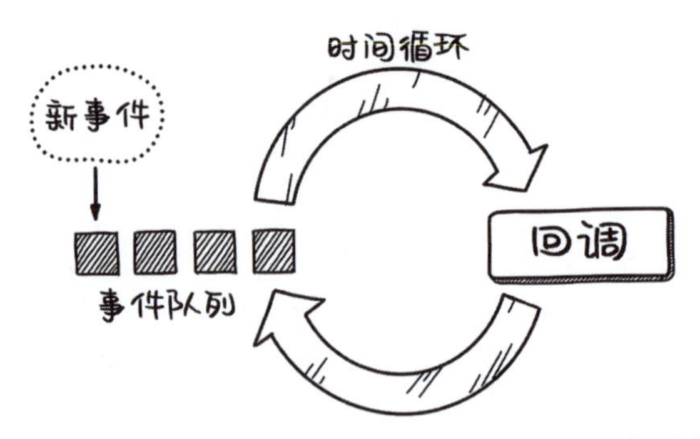

本质上，事件循环的工作就是等待事件发生，将每个事件映射到事先注册的回调函数，并运行该回调函数。

注意

事件循环是JavaScript的内核和灵魂。JavaScript不支持创建新线程。相反，JavaScript通过事件循环机制实现并发。这就是JavaScript弥补多线程和并发之间差距的手段，并使其成为与Java、Go、Python、Rust等并发语言的有力竞争者。许多GUI工具包，如Java Swing，同样具有事件循环机制。

接下来，将用代码实现事件循环：

```
# Chapter 11/event_loop.py
from collections import deque
from time import sleep
import typing as T


class Event:

    def __init__(self, name: str, action: T.Callable[..., None],
                 next_event: T.Optional[Event] = None) -> None:
        self.name = name
        self._action = action
        self._next_event = next_event

    def execute_action(self) -> None:
        self._action(self)
        if self._next_event:
            event_loop.register_event(self._next_event)
```

Event类表示事件循环要执行的动作

```
class EventLoop:
    def __init__(self) -> None:
        self._events: deque[Event] = deque()

    def register_event(self, event: Event) -> None:
        self._events.append(event)

    def run_forever(self) -> None:
        print(f"Queue running with {len(self._events)} events")
        while True:
            try:
                event = self._events.popleft()
            except IndexError:
                continue
            event.execute_action()


def knock(event: Event) -> None:
    print(event.name)
    sleep(1)


def who(event: Event) -> None:
    print(event.name)
    sleep(1)


if __name__ == "__main__":
    event_loop = EventLoop()
    replying = Event("Who's there?", who)
    knocking = Event("Knock-knock", knock, replying)
    for _ in range(2):
        event_loop.register_event(knocking)
    event_loop.run_forever()
```

创建用于存储事件的队列

将事件添加到事件队列

持续运行事件循环，执行队列中可用的事件

注册事件循环回调函数，当触发对应名称的事件时，执行回调动作

启动持续运行的事件循环，不断检测事件队列，执行新事件

在这段代码中，我们创建了一个事件循环并注册了knock和who(注意，knock事件可以触发who事件)两个事件。然后，我们手动生成了两个敲门事件，就好像它们刚刚发生，并开始了事件循环的无限执行。可以看到，事件循环按照串行方式执行了事件。

```
Queue running with 2 events
Knock-knock
Knock-knock
Who's there?
Who's there?
```

最终，程序流程取决于事件。但是，服务器是如何识别它应该处理的事件呢？

11.4 I/O多路复用

现代操作系统通常包含事件通知子系统，通常称为I/O多路复用。I/O多路复用系统负责收集和排队来自监视资源的I/O事件，并将事件阻塞，直到用户程序可以处理事件。这使得用户程序可以对需要注意的传入I/O事件进行简单的检查。

使用I/O多路复用，我们不需要像第10章中所述的忙等待方法那样跟踪所有套接字事件。操作系统能告诉我们哪个套接字上发生了什么事件。程序可以要求操作系统监视套接字并将事件放入队列中，直到数据准备就绪。程序可以随时检查事件，其间可以做其他事情。多路复用机制由系统调用的鼻祖`select`提供。

当使用`select`系统调用时，不在给定的套接字上进行任何调用，直到`select`告知我们该套接字上发生了某些事件，如数据已到达并准备好被读取。然而，I/O多路复用的最大优势是能够使用同一线程并发处理多个套接字的I/O请求。因此，我们可以注册多个套接字并等待传入事件。

如果在调用`select`时套接字已准备就绪，则套接字会立即将控制权返回给事件循环。否则，套接字将被阻塞，直到已注册的套接字准备就绪。当新的`read`事件到达或套接字变为可写时，`select`会返回新事件，将新事件放入事件队列，并将控制权返回给事件循环。这样，程序可以在处理前一个请求的同时接收新请求。这确保了对前一个请求的处理不会被阻塞，从而可以快速将控制返回给事件循环，以处理新请求。

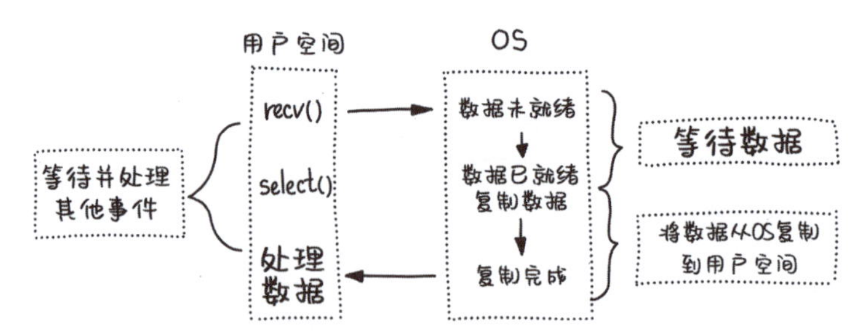

通过使用I/O多路复用，可以在同一个执行线程中并发执行多个与不同套接字相关的I/O操作，无需不断轮询传入事件。相反，操作系统管理传入的事件，仅在必要时通知程序。虽然使用`select`系统调用仍然是阻塞的，但它不同于忙等待方法，不会浪费时间等待数据到达，或在不断的事件轮询循环中浪费CPU时间。

11.5 事件驱动的比萨服务器

现在，我们已经准备好使用I/O多路复用实现单线程并发版本的比萨服务器了！程序的内核仍然是无限的事件循环。在每次迭代中，通过select系统调用准备套接字，并调用相应的注册回调函数。

```
# Chapter 11/pizza_reactor.py
class EventLoop:
    def __init__(self) -> None:
        self.writers = {}
        self.readers = {}

    def register_event(self, source: socket, event: Mask,
                       action: Action) -> None:
        key = source.fileno()
        if event & select.POLLIN:
            self.readers[key] = (source, event, action)
        elif event & select.POLLOUT:
            self.writers[key] = (source, event, action)

    def unregister_event(self, source: socket) -> None:
        key = source.fileno()
        if self.readers.get(key):
            del self.readers[key]
        if self.writers.get(key):
            del self.writers[key]

    def run_forever(self) -> None:
        while True:
            readers, writers, _ = select.select(
                self.readers, self.writers, [])
            for reader in readers:
                source, event, action = self.readers.pop(reader)
                action(source)

            for writer in writers:
                source, event, action = self.writers.pop(writer)
                action, msg = action
                action(source, msg)
```

跟踪做好准备进行读写I/O操作的套接字

获取和套接字关联的唯一标识符

指明套接字中的数据可读

指明套接字可写入数据

当客户端关闭时，从读者或写者删除套接字

运行无限循环，使用select等待读者或写者的套接字可进行I/O

对于每个可读的套接字，执行相应的动作，然后从读者删除套接字

对于每个可写的套接字，执行相应的动作，然后从写者删除套接字

在事件循环的run_forever方法中，我们调用select并等待它指示客户端有新事件需要处理。这是一个阻塞操作，意味着事件循环将高效运行，select等待至少发生一个事件。select会指明套接字何时准备好进行读/写操作，并随后调用相应的回

调函数。

我们需要将发送和接收数据封装为独立的函数，每个期望的事件类型都有对应的回调函数，即_on_accept()、_on_read()和_on_write()。然后，我们委托操作系统监视客户端套接字的状态，而不是监视程序。我们的任务是注册所有客户端套接字，以及与之对应的所有期望事件和回调函数。这是我们在Server类内部要做的工作，如下所示：

```
# Chapter 11/pizza_reactor.py
class Server:
    def __init__(self, event_loop: EventLoop) -> None:
        self.event_loop = event_loop
        try:
            print(f"Starting up at: {ADDRESS}")
            self.server_socket = create_server(ADDRESS)
            self.server_socket.setblocking(False)
        except OSError:
            self.server_socket.close()
            print("\nServer stopped.")

    def _on_accept(self, _: socket) -> None:
        try:
            conn, client_address = self.server_socket.accept()
        except BlockingIOError:
            return
        conn.setblocking(False)
        print(f"Connected to {client_address}")
        self.event_loop.register_event(conn, select.POLLIN, self._on_read)
        self.event_loop.register_event(self.server_socket, select.POLLIN,
                                       self._on_accept)
    def _on_read(self, conn: socket) -> None:
        try:
            data = conn.recv(BUFFER_SIZE)
        except BlockingIOError:
            return
        if not data:
            self.event_loop.unregister_event(conn)
            print(f"Connection with {conn.getpeername()} has been closed")
            conn.close()
            return
        message = data.decode().strip()
        self.event_loop.register_event(conn, select.POLLOUT,
                                       (self._on_write, message))
```

当新客户端连接服务器时，使用该回调函数。回调函数用事件循环注册连接，监测到达的数据

当从客户端连接收到数据时，使用该回调函数

当准备好发送给客户端的响应时，使用该回调函数

```
    def _on_write(self, conn: socket, message: bytes) -> None:
        try:
            order = int(message)
            response = f"Thank you for ordering {order} pizzas!\n"
        except ValueError:
            response = "Wrong number of pizzas, please try again\n"
        print(f"Sending message to {conn.getpeername()}")
        try:
            conn.send(response.encode())
        except BlockingIOError:
            return
        self.event_loop.register_event(conn, select.POLLIN, self._on_read)

    def start(self) -> None:
        print("Server listening for incoming connections")
        self.event_loop.register_event(self.server_socket, select.POLLIN,
                                       self._on_accept)


if __name__ == "__main__":
    event_loop = EventLoop()
    Server(event_loop= event_loop).start()
    event_loop.run_forever()
```

启动服务器，用事件循环注册服务器套接字，设置回调函数，以接收新客户端连接

这段代码首先创建了一个服务器套接字，使用的方法与之前类似。之后，并没有使用大段代码，而是使用了一组回调函数，每个函数负责处理特定类型的事件请求。一旦组件完成设置，就可以初始化服务器以监听传入的连接。

代码的核心是事件循环，事件循环负责处理事件队列中的事件并调用相应的事件处理程序。事件循环将控制权转移到适当的回调函数，并在回调执行完成后恢复控制权。只要事件队列中有待处理的事件，这个过程就会一直持续。当所有事件都处理完毕时，事件循环会将控制权返回给select函数。select函数再次被阻塞，等待完成新的操作。

通过实现事件驱动架构并利用事件循环，我们能够使用单线程运行事件循环，成功应对多个客户端请求。太棒了！

11.6 反应器模式

通过事件循环等待事件发生并处理事件的用法非常普遍，已经成为一种设计模式，即反应器模式。通过使用I/O多路复用，执行单线程事件循环，处理非阻塞I/O，并采用适当的回调函数，我们便能高效地使用反应器模式。

反应器模式负责处理从一个或多个客户端传入程序的请求。其中，程序由回调函数表示，每个回调函数负责处理特定类型的事件请求。反应器模式的组件包括事件源、事件句柄、同步事件多路分解器和反应器结构。

事件源是生成事件的实体，如文件、套接字、计时器或同步对象。在前述案例中，比萨服务器代码有两个事件源，即服务器套接字和客户端套接字。

事件句柄是回调函数，负责处理特定事件源的请求。代码中有三种类型的事件句柄。

- `_on_accept`：处理服务器套接字并接收新连接。
- `_on_read`：处理来自客户端连接的新消息。
- `_on_write`：将消息写入客户端连接。

同步事件多路分解器利用操作系统提供的事件通知机制(如`select`或其变种)，来获取事件并等待回调函数上特定事件的发生。

反应器也称为事件循环，是核心组件。反应器负责为特定事件注册回调函数，并将工作传递给相应的事件句柄或回调函数，以响应事件。在代码中，`EventLoop`类充当反应器的角色，它等待事件并对其作出“反应”。当`select`返回一组准备进行I/O操作的资源时，反应器会调用相应的回调函数。

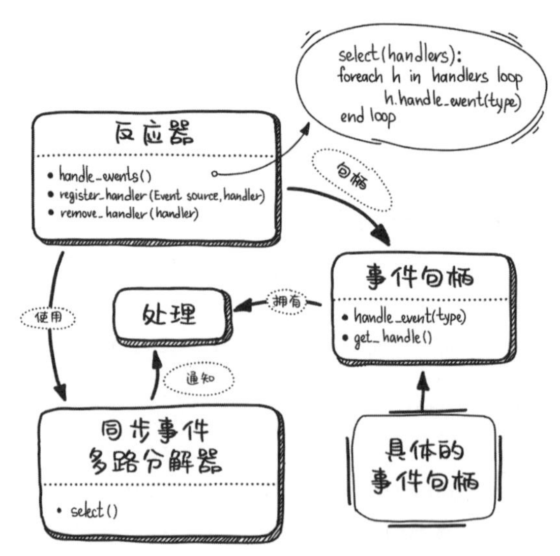

总之，遵循反应器模式的程序会注册感兴趣的事件源和事件类型。对每个事件都提供一个相应的事件句柄，即回调函数。同步事件多路分解器等待事件并通知反应器。然后，反应器调用相应的事件句柄来处理事件。

注意

很多流行的内核库和框架都是基于反应器模式构建的。Libevent是广泛使用的跨平台事件库；libuv(基于libeio、libev、c-ares和iocp的抽象层)通过使用非阻塞模型和事件循环，为Node.js、Java NIO、NGINX和Vert.x提供了底层I/O支持，从而实现了高并发。

反应器模式支持事件驱动的并发模型，避免了创建和管理系统线程、上下文切换，以及传统的基于线程模型与共享内存和锁相关的复杂性。通过利用事件进行并发，因为只使用一个执行线程，所以资源消耗显著减少。然而，反应器模式需要采用不同的编程风格，包括回调和处理稍后发生的事件。

总之，反应器模式用同步方式处理事件，同时采用异步I/O，并依赖操作系统的事件通知系统。鉴于涉及同步的概念，接下来将进一步深入探讨同步。

11.7 消息传递中的同步

在消息传递中，同步是指依赖特定执行顺序的任务协调和排列。当任务进行同步时，任务按顺序运行，后续任务必须等待前面任务完成后才能继续。需要注意的是，同步是指任务的起始点和结束点，而不是实际执行。

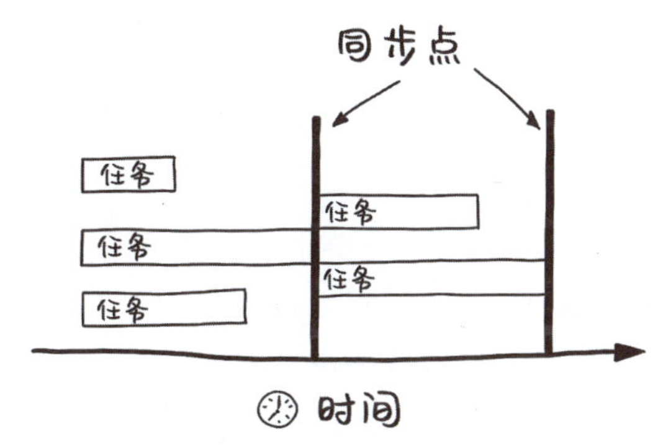

同步通信要求双方在同一时间准备好交换数据，并为两个任务创建明确的同步点。这种方法会阻塞程序执行直到通信完成，从而导致系统资源空闲。相比之下，异步通信是指调用方发起一个任务后，不等待其完成，即可继续执行其他操作。异步通信在发送和接收时不需要同步，并且发送方在接收方准备就绪之前不会被阻塞。程序调用方以异步方式访问结果，可以在任何方便的时间检查事件。异步方法支持处理器在等待期间处理其他任务，而不是进行等待。

为了说明同步和异步通信之间的区别，让我们以不同的人使用手机的方法为例。在通话过程中，一个人在说话，另一个人在听。第一个人讲完后，第二个人通常会立即回答。

在第二个人回答之前，第一个人会等待答复。这意味着第一个人在第二个人完成答复之前无法继续说话。在通话例子中，第一个人的结束点与第二个人的起始点同步。然而，尽管这给予了参与双方即时的满足感，但结束对话需要更长的时间，因为普通人在阅读时吸收的信息量是听的10倍。这就是短信在年轻人中特别流行的原因。

短信代表异步的通信方式。一个人可以发送一条消息，接收者可以在方便的时候回复。在等待回复期间，发送者可以执行其他任务。

在编程中，异步通信是指调用方发起一个任务后，不等待其完成，即可继续执行其他操作(就像一个不专心的伴侣)。异步通信在发送和接收时不需要同步，发送方不会因接收方是否准备就绪而被阻塞。如果异步通信关心任务的结果(或伴侣)，则必须有一种获取结果的方法(通过提供回调函数或其他方式)。无论使用哪种方法，都称为调用程序异步访问结果。程序可以在任何方便的时间检查事件，在等待期间运行其他任务(或回答一个问题，如“你有多爱我？”)。这是一个异步过程，程序在一个点做出判断，在另一个点实际使用数据。

异步任务没有同步的起始点和结束点。在同步通信中，花费的CPU时间用于处理其他任务。因此，当有工作要处理时，处理器永远不会处于空闲状态。

所有异步I/O操作都可归结为同一模式。异步I/O和代码的执行方式无关，其关注的是等待发生的位置。多个I/O操作的等待支持合并，使等待发生在代码的相同位置。当事件发生时，异步系统必须恢复等待该事件的代码。

异步消息传递解耦实体之间的通信，支持发送方在不等待接收方的情况下发送消息。尤其是，发送方和接收方之间的消息传递不需要同步，两个实体可以独立工作。当有多个接收方时，异步消息传递的优势尤为明显。如果等待所有消息接收方都准备好同时进行通信，或者一次只能一个接收方给同步发送消息，则效率是非常低的。

11.8 I/O模型

阻塞/同步和非阻塞/异步这两组术语通常可以互换使用。尽管它们描述类似的概念，但在不同层级上具有不同含义。至少在描述I/O操作时，要对两组术语进行如下区分。

- 阻塞与非阻塞——使用这组属性，程序可以指示操作系统如何访问设备。在使用阻塞模式时，I/O操作在完成之前不会返回给调用方。在非阻塞模式下，所有调用都会立即返回，但只显示操作的状态。因此，可能需要多次调用才能确保操作成功完成。
- 同步与异步——这组属性描述了I/O操作期间的高级流程控制。同步调用会保留控制权，因为它在操作完成之前不会返回，从而形成一个同步点。异步调用会立即返回，允许执行后续操作。

将四种属性结合起来，可以得到四种不同的I/O操作模型。每种模型都具有不同的用途，适用于特定的程序。

同步阻塞模型

这是许多传统程序中最常见的操作模型。在此模型中，用户空间中的程序进行系统调用，导致应用程序被阻塞。程序将一直阻塞，直到系统调用(数据传输或错误)完成为止。

同步非阻塞模型

在此模型中，程序以非阻塞模式访问I/O设备，操作系统会立即返回I/O调用。通常情况下，如果设备尚未准备就绪，则会对调用的响应表示稍后重复调用。因此，程序经常需要进行忙等待，这导致效率较低。一旦完成I/O操作，并且数据在用户空间中变得可用，程序便能够继续工作和使用数据。

异步阻塞模型

该模型的示例是反应器模式。但是，异步阻塞模型仍然使用非阻塞模式进行I/O操作。不过，异步阻塞模型使用一种特殊的阻塞系统调用(`select`)来发送I/O状态通知。异步阻塞模型仅阻塞通知，而不阻塞I/O调用。如果该通知机制可靠且高效，则对于高性能I/O而言是理想的模型。

异步非阻塞模型

最后，在异步非阻塞I/O模型中，I/O请求会立即返回，表示操作已成功启动。应用程序在后台操作完成时执行其他操作。当响应到达时，可以生成信号或回调来完成I/O操作。

异步非阻塞模型有一个特点，即用户层级不存在阻塞或等待。整个操作被移到其他地方(操作系统或设备)。这使得程序可以利用额外的处理器时间，同时在后台进行I/O操作。不出所料，异步非阻塞模型在高性能I/O方面表现出色。

这些模型仅描述了操作系统中的低级别I/O操作。从更抽象的开发者角度来看，程序框架可以通过后台线程提供同步阻塞的I/O访问，同时为使用回调的开发者提供异步接口，反之亦然。

注意

Linux中的异步I/O(AIO)是最近才被添加到Linux内核中，是相对较新的增强。AIO背后的基本思想是支持进程启动一系列I/O操作，而无需阻塞或等待任何操作完成。稍后，在接收到I/O操作完成的通知后，进程可以检索I/O操作的结果。在收到套接字无需锁定，就可以进行读取或写入的通知后，进程可以执行一个不被阻塞的I/O操作。而Windows操作系统则使用完成通知模型(即I/O完成端口，I/O Completion Port，IOCP)。

11.9 本章小结

- 事件驱动并发更适用于高负载的I/O程序，因为事件驱动并发能提供更高的并发性和更好的可扩展性。即使需要处理成千上万个同时连接，这类程序的内存需求也相对较少。
- 同步通信是指按顺序运行并且依赖于该顺序的任务。同步通信会在数据交换期间阻塞程序执行，使系统资源处于空闲状态。在同步通信中，双方必须同时准备好交换数据，并且程序会在通信完成前被阻塞。
- 异步通信在调用方启动任务后，不等待其完成，即可继续进行。异步通信在发送和接收时不需要同步，发送方在此过程中不会被阻塞，直到接收方准备就绪。异步通信可以将在同步通信中等待的CPU时间，用于处理其他任务。程序可以在任何方便的时间检查事件，异步任务没有同步的起始和终点。
- 反应器模式是实现事件驱动并发处理I/O密集型程序最流行的模式。简而言之，反应器模式使用单线程的事件循环和非阻塞事件，并将这些事件发送到相应的回调函数中。

第12章 异步通信

本章内容：

- 学习异步通信以及何时使用异步模型
- 学习抢占式和协同多任务处理的区别
- 使用协程和Future对象，通过协同多任务处理实现异步系统
- 结合事件驱动并发和并发方法，实现高效运行I/O和CPU任务的异步系统

人们期望系统能够即时响应。但实际上，并非在所有情况下都要求系统具备立即响应的能力。在许多编程场景中，可以将处理推迟或移至其他地方，以实现异步处理。这种做法可以减少必须实时运行系统的延迟约束。采用异步操作的目标是减轻工作负担，但异步存在一定的难度。

例如，加州圣何塞有一家颇受欢迎的牛排馆，名为Henry's Hi-Life。自1950年以来，这家餐厅一直是圣何塞的标志性建筑。尽管餐厅非常受欢迎，但空间有限，因此它开发了一种创新的异步方法来迅速引导顾客，避免顾客感到焦虑。

顾客通过一家小型酒吧进入，由一位服务员在吧台迎接。顾客告诉服务员人数后，服务员会递给顾客相应数量的菜单。顾客可以在酒吧喝酒并点餐，菜品及任何特殊要求会被记录在一个清单上，然后交给服务员。订单将直接送到厨房，一旦准备就绪，服务员会引导顾客到座位。当顾客将餐巾放在膝盖之前，便有服务员端上热腾腾(不使用微波炉)的牛排。

这套流程减少了对厨房的延迟约束，改善了顾客的整体用餐体验，并最大化餐厅的收入。异步可以提高系统的性能和可扩展性，即使在即时响应的场景下，异步也能提升系统性能。

本章介绍如何通过第11章所述的“事件循环加回调”模型，将其变为独立实现，从而创建异步系统。我们将深入研究协程和Future对象，这是实现异步调用的常用抽象。我们还会探讨何时使用异步模型，并提供示例帮助读者更好地理解异步的概念和应用场景。

12.1 对异步的需求

初看之下，基于事件的编程方法似乎是很好的解决方案。通过简单的事件循环，事件得以在发生时被处理。然而，当事件需要执行可能被阻塞的系统调用(如CPU密集型操作)时，就会出现严重问题。更糟糕的是，程序不再是单一、连贯的代码库，而是表示为一系列回调函数，每个函数负责处理特定类型的事件请求。这种方法牺牲了代码的可读性和可维护性。

当涉及使用线程或进程的服务器时，这个问题很容易得到解决。当一个线程忙于执行阻塞操作时，其他线程可以并行执行，使服务器能够继续运行。操作系统负责在可用的CPU内核上调度线程。

然而，在基于事件的方法中，只有一个主线程具有监听事件的事件循环。这意味着任何操作都不应该阻塞执行，以免导致整个系统被阻塞。因此，必须使用异步编程技术，确保操作不会阻塞事件循环，让系统保持响应。

12.2 异步过程调用

默认情况下，在大多数编程语言中，当调用一个方法时，方法是同步执行的。这意味着代码按顺序运行，并且在整个方法完成之前不会将控制权返回给环境。然而，当方法执行时间较长(如网络调用或长时间运行的计算)时，可能会成为一个问题。这种情况下，调用线程将被阻塞，直到方法执行完成。当阻塞情况不可取时，可以启动一个worker线程，并调用该方法。但在大多数情况下，使用额外线程将提高复杂性和开销。

设想一个非常低效的例子。你来到医院前台办理手续。如果使用同步通信，接待员在要求你站在柜台前填写多张表格的期间要一直等待。这样会妨碍接待员为其他患者提供服务。扩展这种方法的唯一方式，是雇佣更多的接待员并为他们腾出时间。这种做法既昂贵又低效，因为接待员大部分时间都在无所事事。幸运的是，医院并没有采用这种处理方法。

通常，医院使用的是异步系统。当你走到柜台前并被告知需要填写额外的表格时，接待员会把表格、纸板和笔递给你，并告诉你完成后再将其返还。你坐下来填写表格，而接待员则帮助下一位排队的人。你不会妨碍接待员为其他人提供服务。当你完成填写后，你回到队伍中等待再次与接待员交谈。如果你填写有误或需要填写另一张表格，则接待员会给你一张新表格或告诉你需要修正的地方，然后你再重复这个过程，坐下来完成填写，然后重新排队。这个系统已经得到了扩展。如果队伍过长，则医院可以再雇佣一名接待员，使其具有更高的可扩展性。

通过为同步调用添加异步方法，顺序编程模型得以扩展并支持并发。调用不会创建同步点，而是由运行时调度器稍后或异步地将结果传递给处理程序。添加了异步方法的同步调用称为异步调用或异步过程调用(Asynchronous Procedure Call，APC)。APC为长时间运行的(同步)方法提供了立即返回的异步版本，并附加了易于获取完成通知的额外方法，或等待方法完成。

在编程领域中，存在几种构建异步结构的软件构造和操作，其中使用最为广泛的是协同多任务处理。

12.3　协同多任务处理

根据《牛津英语词典》的定义，异步表示“一种计算机控制定时协议的形式或要求，在收到前一个操作已完成的指示(信号)后，某个操作开始”。从定义中可以明确看出，主要问题不在于操作的发生方式和位置，而在于如何在事件完成后重新启动代码的特定部分。

截至本节，当涉及线程时，与系统级线程相对应的线程由操作系统进行管理。但我们也可以拥有用户或程序级别的逻辑线程，这些线程由开发者进行管理。操作系统对用户级线程一无所知。操作系统将使用用户级线程的程序视为单线程进程。用户级线程通常构成最简单的多任务处理方式，即协同多任务处理，也称为非抢占式多任务处理。

在协同多任务处理中，操作系统不会主动进行上下文切换。相反，每个任务会明确指示调度器“暂停其工作一段时间，请继续运行其他任务”，将控制权交给调度器，以运行其他任务。调度器的工作是将任务分配给可用的处理资源。

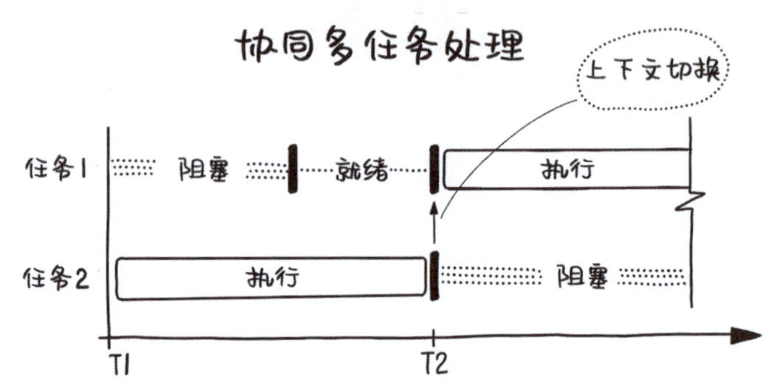

因此，我们只有一个worker线程，没有其他线程可以替换当前运行的线程。这个系统之所以被称为协同多任务处理，是因为其成功依赖于开发者和运行时环境的协同努力，以充分利用可用的处理资源。

注意

协同多任务处理应用于所有macOS版本，包括macOS X。Windows 95和Windows NT中同样采用了协同多任务处理。

由于只有一个执行线程，却需要完成多个任务，因此存在资源共享的问题。这种情况下，线程管理是需要共享的资源。然而，协同调度器无法夺取正在执行的任务的控制权，除非该任务主动放弃。

12.3.1 协程(用户级线程)

在线程版服务器实现(参见第10章)中，操作系统线程不会将控制转移权强加给用户。即使只有一个处理器内核，操作系统也提供并发性。关键在于操作系统使用抢占式多任务处理(参见第6章)来暂停和恢复线程执行。如果拥有能够像操作系统线程一样暂停和恢复执行的函数，我们就可以编写并发的单线程代码。这就是接下来要用到的协程！

协程是一种编程结构，它支持协同多任务处理，可以在代码中的特定位置暂停和恢复单个执行线程。协程具有许多优点，包括更高效灵活的代码，且不使用线程就能处理异步任务。

协程和操作系统线程的关键区别在于协程的切换是协同式的，而不是抢占式的。这意味着开发者、编程语言和执行环境可以控制协程之间的切换时机。在合适的时刻，协程可以被暂停，让另一个任务开始执行。

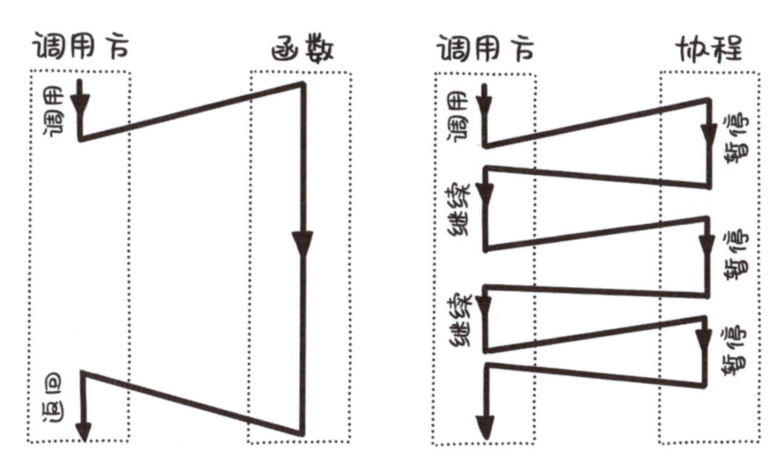

在预计某些操作将阻塞较长时间(如网络请求)的场景中，协程特别有用。与系统调度器不同，协程能立即切换到另一个任务。协程的这种合作性质，使开发者能够编写更优雅、可读和可复用的代码。

注意

协程的核心思想源自对延续(continuation)的研究。所谓“延续”，是指程序在特定时间点执行上下文的快照，包括当前调用栈、局部变量和其他相关信息。通过捕获这些信息，“延续”使得程序能够保存其执行状态，并在以后的时间点恢复执行，执行可能发生在不同的线程甚至不同的机器上。

为了展示协程的强大功能，我们以生成斐波那契数列为例进行说明。以下Python代码使用协程实现，既优雅又易读，突出了协程在优雅性、可读性和代码复用方面的优势。

```
# Chapter 12/coroutine.py
from collections import deque
import typing as T

Coroutine = T.Generator[None, None, int]


class EventLoop:
    def __init__(self) -> None:
        self.tasks: T.Deque[Coroutine] = deque()

    def add_coroutine(self, task: Coroutine) -> None:
        self.tasks.append(task)
```

包含所有要执行的协程的列表

将新协程任务添加到事件循环，以执行任务

```
    def run_coroutine(self, task: Coroutine) -> None:
        try:
            task.send(None)
            self.add_coroutine(task)
        except StopIteration:
            print("Task completed")

    def run_forever(self) -> None:
        while self.tasks:
            print("Event loop cycle.")
            self.run_coroutine(self.tasks.popleft())


def fibonacci(n: int) -> Coroutine:
    a, b = 0, 1
    for i in range(n):
        a, b = b, a + b
        print(f"Fibonacci({i}): {a}")
        yield
    return a

if __name__ == "__main__":
    event_loop = EventLoop()
    event_loop.add_coroutine(fibonacci(5))
    event_loop.run_forever()
```

执行协程，直到下一条yield语句

当协程执行完成并返回值，抛出异常

进入执行协程的循环，从事件循环队列获取协程，直到全部执行完成

暂停函数的执行，执行其他协程

函数执行结束后，返回函数最后的完成值

输出结果如下所示：

```
Event loop cycle.
Fibonacci(0): 1
Event loop cycle.
Fibonacci(1): 1
Event loop cycle.
Fibonacci(2): 2
Event loop cycle.
Fibonacci(3): 3
Event loop cycle.
Fibonacci(4): 5
Event loop cycle.
Task completed
```

在这段代码中，我们引入了一个简单的事件循环和一个协程。我们以调用普通函数的方式一样调用协程，但协程会在达到由yield指令标记的暂停点时停止执行指令。这个特殊的yield指令会暂停当前函数的执行，将控制权返回给调用方，并在内存中保留当前的指令栈和指针，以此高效地保存执行上下文。因此，事件循环在等待所需事件发生时不会被单个任务阻塞，而是继续执行下一个任务。一旦事件

完成，事件循环就会从暂停的代码行继续执行。

随着时间的推移，主线程可以再次调用相同的协程，该协程将从上次暂停的位置开始执行。因此，协程可以被视为部分执行的函数。在适当的条件下，可以在将来的某个时刻恢复协程，直到所有代码执行完成。

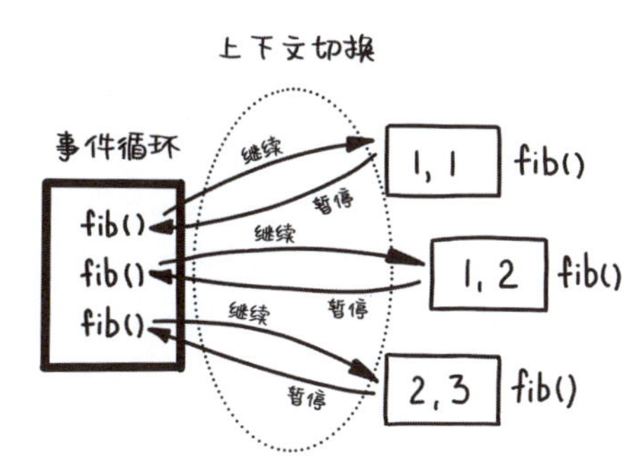

在代码示例中，`Fibonacci()`协程暂停并将控制权返回给事件循环，然后事件循环等待并在恢复标记处暂停。在恢复时，fibonacci协程生成结果，然后事件循环继续执行，将生成的值传递给合适的目标。

通过使用协程和事件循环，我们实现了协同多任务处理，可以高效地调度和执行任务，不需要依赖多个线程或进程。协程使我们能够编写经过改进的控制流并发代码，更易于处理异步任务和优化资源利用。

注意

纤程、轻量级线程和绿色线程是协程或类协程的其他名称。它们有时看起来(通常是故意的)像操作系统线程，但实际上运行起来并不像真正的线程，而更像协程。根据语言或实现，这些概念之间可能具有更具体的技术特性或差异：Python(基于生成器和原生协程)、Scala(协程)、Go(Go协程)、Erlang(Erlang进程)、Elixir(Elixir进程)、Haskell GHC(Haskell线程)等。

12.3.2 协同多任务处理的优势

在特定场景下，相比抢占式多任务处理，协同多任务处理的优势更为明显，使其成为理想的方法。

节省资源

用户级线程占用的资源相对较少。当操作系统需要在线程或进程之间进行切换时，会发生上下文切换。系统线程相对较重，系统线程之间的上下文切换会导致显著的开销。相比之下，用户级线程在这两个方面都更为轻量。在协同调度中，由于任务维护自身的生命周期，调度器不需要监视每个任务的状态，因此任务切换的成本较低。切换任务的开销只是略高于调用函数。这使得创建数百万个协程，却几乎不产生管理开销。采用协程的程序即使在单线程(从操作系统的角度来看)的情况下仍具有可伸缩性。

避免阻塞共享资源

在协同多任务处理中，任务可以在代码的特定点之间进行切换，缓解了阻塞共享资源的问题。通过精心选择切换点，可以确保任务在关键代码部分不会相互中断。

效率更高

协同多任务处理中的上下文切换更为高效，因为任务能够识别何时暂停并将控制权交给另一个任务。但这要求任务必须意识到它不是单独工作，还有其他任务在等待，任务要决定何时交出控制权。任何过于集中的操作序列，都会导致全盘皆输(参考第2章的购物中心示例)。

调度器无法做出全局决定，判定任务应该运行的具体时长。因此，在协同多任务处理中，重要的是避免运行长时间的操作，或者如果需要运行，则应定期返回控制权。当多个程序进行小量工作并自愿在彼此之间进行切换时，可以实现调度器难以达到的并发水平。这甚至能让数千个协程一起工作，而不仅限于几十个线程。

但是，抢占式多任务处理和协同多任务处理并不是互斥的，它们通常用于同一系统中的不同抽象级别。例如，协同计算可能会定期被抢占，以提供更公平的CPU时间分配。

12.4 Future对象

假设你去一家汉堡店，点了一份精致的汉堡作为午餐。收银员通知厨房的厨师制作汉堡。收银员给了你一个订单号，并承诺汉堡正在后厨烹饪，你会在将来的某个时刻拿到汉堡。当你的订单号在柜台上显示时，表示厨师已经完成准备，你就能收到订单。在等待的过程中，你选了一张桌子，坐下来专心做自己的事情。但是，如果没有回调方法，你怎么知道汉堡是否准备好了呢？换句话说，如何获取异步调用的结果呢？

作为异步调用的返回值，我们可以创建一个保证未来结果(期望结果或错误)的对象。这个对象被返回，作为未来结果的“承诺”。该对象是用于结果的占位对象，最初因为计算过程尚未完成而未知。一旦获取到结果，我们就可以将值放入占位对象中。这种对象被称为Future对象。

Future对象可以看作是最终会变得可用的结果。因为支持发送独立的计算，所以Future对象还能充当同步机制，但需要与源控制进行同步，并最终返回结果。

注意

在不同的编程语言中，Future、Promise、Delay和Deferred通常指代大致相同的同步机制，用一个对象充当未知结果的代理。当结果可用时，便执行等待的代码。近年来，这些术语在不同的语言和生态中逐渐具有了略微不同的含义。

下面我们回到汉堡订单。你不时检查柜台上的号码，观察订单的状态。在某个时刻，汉堡终于完成烹饪，可以将其取走。你走到柜台前拿起汉堡，回到座位上开心地吃起来。

代码示例如下：

```
# Chapter 12/future_burger.py
from __future__ import annotations

import typing as T
from collections import deque
from random import randint

Result = T.Any
Burger = Result
Coroutine = T.Callable[[], 'Future']
```

```
class Future:
    def __init__(self) -> None:
        self.done = False
        self.coroutine = None
        self.result = None

    def set_coroutine(self, coroutine: Coroutine) -> None:
        self.coroutine = coroutine

    def set_result(self, result: Result) -> None:
        self.done = True
        self.result = result

    def __iter__(self) -> Future:
        return self

    def __next__(self) -> Result:
        if not self.done:
            raise StopIteration
        return self.result


class EventLoop:
    def __init__(self) -> None:
        self.tasks: T.Deque[Coroutine] = deque()

    def add_coroutine(self, coroutine: Coroutine) -> None:
        self.tasks.append(coroutine)

    def run_coroutine(self, task: T.Callable) -> None:
        future = task()
        future.set_coroutine(task)
        try:
            next(future)
            if not future.done:
                future.set_coroutine(task)
                self.add_coroutine(task)
        except StopIteration:
            return

    def run_forever(self) -> None:
        while self.tasks:
            self.run_coroutine(self.tasks.popleft())
```

设置与Future对象关联的协程

设置Future对象结束，将计算结果赋值给Future对象

检查Future对象是否结束，如果结束，则返回结果

创建Future对象，执行Future对象的协程。如果Future对象未结束，则将协程放入任务队列，稍后再次执行

```
def cook(on_done: T.Callable[[Burger], None]) -> None:
    burger: str = f"Burger #{randint(1, 10)}"
    print(f"{burger} is cooked!")
    on_done(burger)


def cashier(burger: Burger, on_done: T.Callable[[Burger], None]) -> None:
    print("Burger is ready for pick up!")
    on_done(burger)


def order_burger() -> Future:
    order = Future()

    def on_cook_done(burger: Burger) -> None:
        cashier(burger, on_cashier_done)

    def on_cashier_done(burger: Burger) -> None:
        print(f"{burger}? That's me! Mmmmmm!")
        order.set_result(burger)

    cook(on_cook_done)
    return order


if __name__ == "__main__":
    event_loop = EventLoop()
    event_loop.add_coroutine(order_burger)
    event_loop.run_forever()
```


这段程序先调用cook协程，即厨师烹饪汉堡。然后，厨师将结果传递给第二个协程cashier，收银员告知顾客汉堡已经完成烹饪。每个协程返回一个Future对象，并将控制权返回给主函数。函数在值准备就绪之前暂停，然后继续执行并完成操作。协程就是通过这种方式实现异步的。

Future对象通过提供代理实体将计算和最终结果分离，代理实体在结果可用时立即返回结果。Future对象具有存储未来执行结果的result属性。此外，还有一个set_result方法，用于将值绑定到结果后设置结果。

在等待Future对象填充结果期间，我们可以执行其他计算。对于执行时间长或诸如I/O等耗时操作而延迟的操作，最好使用Future对象进行调用，否则可能影响其他程序的执行速度。

注意

此外，还有一种相关的分散-聚集I/O方法。这种方法使用单个过程调用高效地从多个缓冲区读取数据，并将数据写入单个数据流，反之亦然。分散-聚集I/O方法提高了效率，使用也更加便利。例如，对于同时运行的多个独立Web请求而言，这种模式特别有用。通过将请求作为后台任务进行分散，并通过代理实体收集结果，可以实现并发处理操作，类似于JavaScript中`promise.all()`的工作方式。使用`promise.all()`传递Promise数组，并等待数组中的promise解析完毕后，将结果作为数组返回。

将`Future`对象与协程(支持暂停执行，然后恢复)相结合，我们可以编写出接近顺序代码形式的异步代码。

12.5 协同比萨服务器

第10章介绍了20世纪80年代由Santa Cruz Operation公司开发的第一个电子商务应用，该应用为开发者提供比萨订购服务。Santa Cruz Operation公司采用了简单的同步方法，但由于计算资源的不足，导致使用人数受到限制。从那时起，程序员学会了如何运行协程，并创建了`Future`对象，这为实现协同多任务处理创建异步服务器提供了基础模块。

12.5.1 事件循环

首先，介绍主要组件。事件循环代码如下所示：

```
# Chapter 12/asynchronous_pizza/event_loop.py
from collections import deque
import typing as T
import socket
import select
from future import Future
Action = T.Callable[[socket.socket, T.Any], Future]
Coroutine = T.Generator[T.Any, T.Any, T.Any]
Mask = int


class EventLoop:
    def __init__(self):
        self._numtasks = 0
        self._ready = deque()
        self._read_waiting = {}
        self._write_waiting = {}

    def register_event(self, source: socket.socket, event: Mask, future,
                       task: Action) -> None:
        key = source.fileno()
        if event & select.POLLIN:
```

```
            self._read_waiting[key] = (future, task)
        elif event & select.POLLOUT:
            self._write_waiting[key] = (future, task)

    def add_coroutine(self, task: Coroutine) -> None:
        self._ready.append((task, None))
        self._numtasks += 1

    def add_ready(self, task: Coroutine, msg=None):
        self._ready.append((task, msg))

    def run_coroutine(self, task: Coroutine, msg) -> None:
        try:
            future = task.send(msg)
            future.coroutine(self, task)
        except StopIteration:
            self._numtasks -= 1

    def run_forever(self) -> None:
        while self._numtasks:
            if not self._ready:
                readers, writers, _ = select.select(
                    self._read_waiting, self._write_waiting, [])
                for reader in readers:
                    future, task = self._read_waiting.pop(reader)
                    future.coroutine(self, task)

                for writer in writers:
                    future, task = self._write_waiting.pop(writer)
                    future.coroutine(self, task)

            task, msg = self._ready.popleft()
            self.run_coroutine(task, msg)
```

检查是否有准备好执行的协程。如果有，则执行。如果没有，则等待套接字准备好进行I/O操作，然后执行相应的协程

除了在主入口方法run_forever中使用了相同的事件通知循环，我们还用run_coroutine方法来运行所有准备就绪的协程。一旦完成所有任务(返回Future对象，并返回控制权或返回结果)，我们就从任务队列中删除所有已完成的任务。如果没有准备就绪的任务，则如前所述调用select来阻塞事件循环，直到注册的客户端套接字上发生某个事件。一旦发生事件，我们将运行相应的回调函数并开始新的循环迭代。

正如前面所述，协同调度器无法从正在执行的任务中夺取控制权，因为事件循

环无法中断正在运行的协程。正在执行的任务会一直运行，直到它传递控制权。当前没有任务在运行时，事件循环将选择下一个任务，并跟踪被阻塞的任务，直到完成I/O操作。

为了实现协同服务器，我们需要为每个服务器套接字方法(accept、send和recv)实现协程。实现方法是创建Future对象，并将其返回给事件循环。当所需事件完成时，我们将结果放入Future对象中。为了简化操作，我们将异步套接字的实现放到单独的类中。

```
# Chapter 12/asynchronous_pizza/async_socket.py
from __future__ import annotations

import select
import typing as T
import socket
from future import Future

Data = bytes


class AsyncSocket:
    def __init__(self, sock: socket.socket):
        self._sock = sock
        self._sock.setblocking(False)

    def recv(self, bufsize: int) -> Future:
        future = Future()

        def handle_yield(loop, task) -> None:
            try:
                data = self._sock.recv(bufsize)
                loop.add_ready(task, data)
            except BlockingIOError:
                loop.register_event(self._sock, select.POLLIN, future, task)

        future.set_coroutine(handle_yield)
        return future

    def send(self, data: Data) -> Future:
        future = Future()

        def handle_yield(loop, task):
            try:
                nsent = self._sock.send(data)
                loop.add_ready(task, nsent)
            except BlockingIOError:
```

```
                loop.register_event(self._sock, select.POLLOUT, future, task)

        future.set_coroutine(handle_yield)
        return future

    def accept(self) -> Future:
        future = Future()

        def handle_yield(loop, task):
            try:
                r = self._sock.accept()
                loop.add_ready(task, r)
            except BlockingIOError:
                loop.register_event(self._sock, select.POLLIN, future, task)
        future.set_coroutine(handle_yield)
        return future

    def close(self) -> Future:
        future = Future()

        def handle_yield(*args):
            self._sock.close()

        future.set_coroutine(handle_yield)
        return future

    def __getattr__(self, name: str) -> T.Any:
        return getattr(self._sock, name)
```

将服务器套接字设置为非阻塞，在每个方法中，执行相应的操作而不等待其完成。只需通过返回Future对象释放控制权，并在稍后写入操作结果。现在，我们已经准备好了通用的模板代码，可用于创建协同服务器应用程序。

12.5.2 协同比萨服务器实现

使用协同多任务处理实现异步服务器，代码如下：

```
# Chapter 12/asynchronous_pizza/cooperative_pizza_server.py
import socket

from async_socket import AsyncSocket
from event_loop import EventLoop

BUFFER_SIZE = 1024
ADDRESS = ("127.0.0.1", 12345)
```

```
class Server:
    def __init__(self, event_loop: EventLoop):
        self.event_loop = event_loop
        print(f"Starting up on: {ADDRESS}")
        self.server_socket = AsyncSocket(socket.create_server(ADDRESS))

    def start(self):
        print("Server listening for incoming connections")
        try:
            while True:
                conn, address = yield self.server_socket.accept()
                print(f"Connected to {address}")
                self.event_loop.add_coroutine(
                    self.serve(AsyncSocket(conn)))
        except Exception:
            self.server_socket.close()
            print("\nServer stopped.")

    def serve(self, conn: AsyncSocket):
        while True:
            data = yield conn.recv(BUFFER_SIZE)
            if not data:
                break

            try:
                order = int(data.decode())
                response = f"Thank you for ordering {order} pizzas!\n"
            except ValueError:
                response = "Wrong number of pizzas, please try again\n"

            print(f"Sending message to {conn.getpeername()}")
            yield conn.send(response.encode())
        print(f"Connection with {conn.getpeername()} has been closed")
        conn.close()


if __name__ == "__main__":
    event_loop = EventLoop()
    server = Server(event_loop=event_loop)
    event_loop.add_coroutine(server.start())
    event_loop.run_forever()
```

暂停执行，直到连接请求到达服务器套接字。当连接请求到达时，接收方法返回新套接字对象，并继续执行

暂停执行，直到客户端收到数据。当收到数据时，serve方法继续执行，并返回收到的数据

暂停执行serve方法，直到可以将响应发送回客户端。发送响应后，方法继续执行

这段代码采用了与之前版本类似的方法，创建了事件循环，并将服务器函数分配给事件循环进行执行。一旦事件循环开始运行，客户端随之运行并向服务器提交订单。

然而，在协同多任务处理方法中，代码并不依赖于需要控制转移的线程或进程，因为所有执行都在单个线程内进行。相反，而是通过将控制权转移给协调任务的中心函数，即事件循环，来管理多个任务。

总而言之，协同多任务处理显著降低了CPU和内存开销，特别是对于具有大量与I/O相关任务(如服务器和数据库)的工作负载。在其他条件相同的情况下，协同多任务处理可以应对比操作系统线程多几个数量级的任务，因为协同多任务处理方法仅使用一个重型线程处理大量轻量任务。

12.6 异步比萨店

在前两章中，你可能一直在想：“如果比萨店服务员只是说‘谢谢惠顾’，而未实际开始制作比萨，那么这是一家什么样的比萨店？”是时候穿上围裙，打开烤箱了。

制作比萨是一个漫长的过程。我们使用Kitchen类模拟烹饪过程。

```
# Chapter 12/asynchronous_pizza/asynchronous_pizza_joint.py

class Kitchen:
    @staticmethod
    def cook_pizza(n):
        print(f"Started cooking {n} pizzas")
        time.sleep(n)
        print(f"Fresh {n} pizzas are ready!")
```

模拟比萨烤制的时间

如果在协同服务器实现中运行这段代码，服务器将长时间忙于只为一位客户制作比萨，只有在完成后才能为其他客户提供服务。但是在异步系统中，角落里潜伏着一个阻塞调用。这真是令人遗憾。

我们希望在后台制作比萨的同时，继续接收顾客的订单。烤箱和订单服务器之间不应该相互阻塞。因此，我们又回到了基础的线程，但这次使用并发和异步通信。

我们的想法是创建一个异步方法，该方法返回一个Future对象，该对象中封装了未来某个时刻完成的长时间操作。一旦发送任务，就会返回Future对象，调用方的执行线程可以继续工作，并与新计算分离。

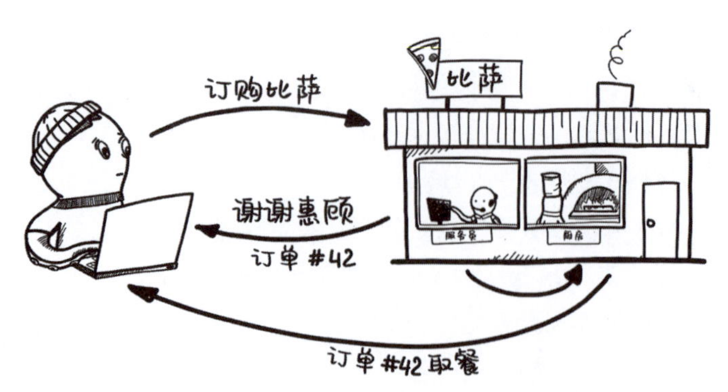

对于实现而言，我们使用与事件通知相同的方法，即返回一个Future对象，该对象承诺结果将在未来的某个时刻到达。

```
# Chapter 12/asynchronous_pizza/event_loop_with_pool.py
import socket
from collections import deque
from multiprocessing.pool import ThreadPool
import typing as T
import select

from future import Future

Data = bytes
Action = T.Callable[[socket, T.Any], None]
Mask = int

BUFFER_SIZE = 1024


class Executor:
    def __init__(self):
        self.pool = ThreadPool()

    def execute(self, func, *args):
        future_notify, future_event = socket.socketpair()
        future_event.setblocking(False)

        def _execute():
            result = func(*args)
            future_notify.send(result.encode())

        self.pool.apply_async(_execute)
        return future_event
```

使用线程池，在单独的线程中执行阻塞任务

创建一组连接的套接字，用于进程间通信。一个套接字用于发送任务完成的通知，另一个套接字用于等待通知

向线程池中的线程提交要执行的函数，并返回Future事件套接字，等待通知

```
class EventLoop:
    def __init__(self):
        self._numtasks = 0
        self._ready = deque()
        self._read_waiting = {}
        self._write_waiting = {}
        self.executor = Executor()
    def register_event(self, source: socket.socket, event: Mask, future,
                       task: Action) -> None:
        key = source.fileno()
        if event & select.POLLIN:
            self._read_waiting[key] = (future, task)
        elif event & select.POLLOUT:
            self._write_waiting[key] = (future, task)

    def add_coroutine(self, task: T.Generator) -> None:
        self._ready.append((task, None))
        self._numtasks += 1

    def add_ready(self, task: T.Generator, msg=None):
        self._ready.append((task, msg))

    def run_coroutine(self, task: T.Generator, msg) -> None:
        try:
            future = task.send(msg)
            future.coroutine(self, task)
        except StopIteration:
            self._numtasks -= 1

    def run_in_executor(self, func, *args) -> Future:
        future_event = self.executor.execute(func, *args)
        future = Future()

        def handle_yield(loop, task):
            try:
                data = future_event.recv(BUFFER_SIZE)
                loop.add_ready(task, data)
            except BlockingIOError:
                loop.register_event(
                    future_event, select.POLLIN, future, task)

        future.set_coroutine(handle_yield)
        return future

    def run_forever(self) -> None:
        while self._numtasks:
            if not self._ready:
```

在Executor中执行操作，当数据可用时，添加相应的回调函数

```
                readers, writers, _ = select.select(
                    self._read_waiting, self._write_waiting, [])
                for reader in readers:
                    future, task = self._read_waiting.pop(reader)
                    future.coroutine(self, task)
                for writer in writers:
                    future, task = self._write_waiting.pop(writer)
                    future.coroutine(self, task)

            task, msg = self._ready.popleft()
            self.run_coroutine(task, msg)
```

这段代码将线程池与事件循环相结合。当遇到CPU密集型任务时，我们可以在线程池中运行任务，并返回Future对象。一旦任务完成，执行线程会发送通知表明任务已经准备就绪，可以设置Future对象的结果。

最终的比萨店服务器代码如下所示：

```
# Chapter 11/asynchronous_pizza_joint.py
import socket
import time

from async_socket import AsyncSocket
from event_loop_with_pool import EventLoop

BUFFER_SIZE = 1024
ADDRESS = ("127.0.0.1", 12345)


class Server:
    def __init__(self, event_loop: EventLoop):
        self.event_loop = event_loop
        print(f"Starting up on: {ADDRESS}")
        self.server_socket = AsyncSocket(socket.create_server(ADDRESS))

    def start(self):
        print("Server listening for incoming connections")
        try:
            while True:
                conn, address = yield self.server_socket.accept()
                print(f"Connected to {address}")
                self.event_loop.add_coroutine(
                    self.serve(AsyncSocket(conn)))
        except Exception:
            self.server_socket.close()
            print("\nServer stopped.")
    def serve(self, conn: AsyncSocket):
        while True:
```

```
                data = yield conn.recv(BUFFER_SIZE)
                if not data:
                    break

                try:
                    order = int(data.decode())
                    response = f"Thank you for ordering {order} pizzas!\n"
                    print(f"Sending message to {conn.getpeername()}")
                    yield conn.send(response.encode())
                    yield self.event_loop.run_in_executor(
                        Kitchen.cook_pizza, order)
                    response = f"Your order of {order} pizzas is ready!\n"
                except ValueError:
                    response = "Wrong number of pizzas, please try again\n"

                print(f"Sending message to {conn.getpeername()}")
                yield conn.send(response.encode())
            print(f"Connection with {conn.getpeername()} has been closed")
            conn.close()

if __name__ == "__main__":
    event_loop = EventLoop()
    server = Server(event_loop=event_loop)
    event_loop.add_coroutine(server.start())
    event_loop.run_forever()
```

在单独的线程中运行一个阻塞操作来烤制比萨，同时继续服务其他客户

尽管存在各种限制(如缺少异常处理、只有套接字事件才能触发事件循环迭代)，以上代码实现还不适合生产使用，但它提供了使用异步调用进行并发的思路。凭借目前的知识，我们可以更高效地利用硬件资源，从而提高性能。无论选择何种编程语言创建异步框架，这个示例都可以作为基础。通过采用类似原则和技术，可以开发出更强大和可扩展的系统，以同时处理大量的任务。

注意

JavaScript是单线程，实现多线程的唯一方法是运行多个JavaScript引擎实例。但是，如何在这些实例之间进行通信呢？这就要用到Web Workers。Web Workers支持任务在后台的独立线程中运行，可与Web程序主线程相互隔离。由于多线程能力是由浏览器容器提供，因此并不是所有浏览器都支持Web Workers。Node.js是JavaScript引擎的另一个容器，提供了对操作系统的多线程支持。

异步编程相当复杂，但可以通过异步库和框架解决。例如，可以使用Python 内置的asyncio库实现相同的逻辑：

```
# Chapter 12/asynchronous_pizza/aio.py
import asyncio
import socket
```

```python
from asynchronous_pizza_joint import Kitchen

BUFFER_SIZE = 1024
ADDRESS = ("127.0.0.1", 12345)


class Server:
    def __init__(self, event_loop: asyncio.AbstractEventLoop) -> None:
        self.event_loop = event_loop
        print(f"Starting up at: {ADDRESS}")
        self.server_socket = socket.create_server(ADDRESS)
        self.server_socket.setblocking(False)

    async def start(self) -> None:
        print("Server listening for incoming connections")
        try:
            while True:
                conn, client_address = \
                    await self.event_loop.sock_accept(
                        self.server_socket)
                    self.server_socket)
                self.event_loop.create_task(self.serve(conn))
        except Exception:
            self.server_socket.close()
            print("\nServer stopped.")

    async def serve(self, conn) -> None:
        while True:
            data = await self.event_loop.sock_recv(conn, BUFFER_SIZE)
            if not data:
                break
            try:
                order = int(data.decode())
                response = f"Thank you for ordering {order} pizzas!\n"
                print(f"Sending message to {conn.getpeername()}")
                await self.event_loop.sock_sendall(
                    conn, f"{response}".encode())
                await self.event_loop.run_in_executor(
                    None, Kitchen.cook_pizza, order)
                response = f"Your order of {order} pizzas is ready!\n"
            except ValueError:
                response = "Wrong number of pizzas, please try again\n"
```

关键字async表示函数是异步的

关键字await用
等待协程完成
同时允许其他
务在此期间运行

```
            print(f"Sending message to {conn.getpeername()}")
            await self.event_loop.sock_sendall(conn, response.encode())
        print(f"Connection with {conn.getpeername()} has been closed")
        conn.close()


if __name__ == "__main__":
    event_loop = asyncio.get_event_loop()
    server = Server(event_loop=event_loop)
    event_loop.create_task(server.start())
    event_loop.run_forever()
```

关键字await用于等待协程完成，同时允许其他任务在此期间运行

程序代码已大幅简化，所有模板代码都已消失。从套接字到事件循环和并发，现在都由库进行调用，并由开发者进行管理。

注意

这并不意味着async/await是在并发系统中进行通信的唯一正确方式。例如，Go和Clojure中实现的通信顺序进程(Communicating Sequential Processes，CSP)模型，或者Erlang和Akka中实现的Actor模型。然而，对于目前的Python而言，async/await似乎是最好的方式。

这段代码并不简单，我们再退后一步，讨论异步模型的一般情况。

12.7 异步模型结论

异步操作通常不等待结果完成。相反，异步操作将任务委派给其他组件，如设备、线程、进程或外部系统，这些组件可以独立处理任务。这使得程序可以在不等待的情况下继续执行其他任务，并在委派的任务完成或遇到错误时接收到通知。

需要注意的是，异步是操作调用或通信的特征，与特定的实现无关。尽管存在各种异步机制，但它们都遵循相同的底层模型。异步机制之间的区别在于如何构建代码，以便在请求阻塞操作时暂停执行，并在操作完成后恢复。这种灵活性使开发者能够根据具体要求和编程环境选择最合适的方法。

什么时候应该使用异步模型呢？异步通信是一个强大的工具，能够优化因频繁系统调用而造成阻塞的高负载系统。但是，与任何复杂技术一样，我们不应该仅因其存在就使用某项技术。

异步编程增加了代码复杂性，使代码变得难以维护。与同步模型相比，异步模型在以下情况中表现最佳。

- 存在大量任务。这种情况下，总有至少一个任务可以继续进行。使用异步模型通常能够缩短响应时间、改善整体性能，有益于系统的最终用户。

- 程序大部分时间都在进行I/O操作而不是运算。例如，存在很多慢速请求，如Web套接字、长轮询或慢速外部同步后端，这些情况下往往难以预测请求的结束时间。
- 由于大部分任务是独立的，因此不需要任务间通信(不需要等待一个任务完成后，再运行另一个任务)。

这些条件几乎完美地描述了典型的服务器(如Web服务器)在客户端-服务器系统中的忙碌情况(因此比萨店的例子非常合理)。在服务器端程序中，异步通信能够高效处理大规模并发的I/O操作，在I/O空闲时间智能地利用资源，并避免创建新资源。服务器端实现是异步模型的主要应用领域，这就是Python的`asyncio`和JavaScript的Node.js，以及其他异步库近年来变得如此流行的原因。前端和用户界面程序也可以从异步编程中受益，因为异步优化了程序流程，特别是在高并发的独立I/O任务中。

12.8 本章小结

- 异步通信是一种软件开发方法，它使单个进程能够在不被耗时任务(如I/O操作或网络请求)阻塞的情况下继续运行。异步程序不需要等待任务完成后再继续下一个任务，而是可以在任务于后台执行时运行其他代码。异步通信优化了系统资源，提高了程序的性能和响应能力。
- 异步属于操作调用或通信属性，而非特定的实现方式。异步模型可以高效处理大量并发的I/O操作，优化资源利用，减少系统延迟，提高可扩展性和系统吞吐量。但是，缺乏优秀的库和框架可能会使编写和调试异步程序变得困难。
- 协同多任务处理是实现异步系统的一种方法。它支持多个任务共享处理时间和CPU资源。在协同多任务处理中，任务必须在完成部分工作后将控制权交还给系统，以进行合作。
- 与抢占式多任务处理相比，协同多任务处理具有几个优点。在协同多任务处理中使用的用户级线程比系统线程资源消耗的资源更少。这使得可以创建大量的协程而不会产生显著的管理开销。然而，任务必须意识到它们不是独自工作，必须决定何时将控制权交给其他任务。
- 协同多任务处理显著减少了CPU和内存开销，特别适用于涉及大量I/O操作相关任务(如服务器和数据库)的工作负载。通过使用少量线程处理大量任务，协同多任务处理可以更高效地利用硬件资源。结合异步通信，可以实现更好的资源利用。
- 实现异步调用的常用抽象是协程和Future对象。协程是一个可以在执行中暂停并随后恢复的函数，在适当的条件下于将来的某个时刻恢复执行，直到执行完成。Future对象是对未来结果的承诺，它是结果的代理对象。通常因为计算值尚未完成，所以Future对象在初始化时是未知值。

第13章 创建并发应用

本章内容：

- 通过两个示例，演示如何使用框架设计并发系统
- 串联所有掌握的知识

在整本书中，我们探讨了各种实现并发程序的方法和相关问题。现在，我们将这些知识应用于实际场景。

本章专注于并发编程的实际应用，通过系统性的方法设计并发系统。此外，通过研究示例来阐述设计方法。通过本章系统的学习，我们将具备设计简单并发系统所需的知识和技能，以及识别和解决可能降低效率或可扩展性的潜在缺陷。在开始之前，我们将花费一些时间回顾并发的关键概念和原则。

13.1 并发概念

并发是一个涉及众多知识点，且有时令人困惑的难题。在计算机发展的早期阶段，程序是按顺序编写的。为了解决顺序问题，人们会编写一个算法，并将其实现为一系列顺序指令。指令在单台计算机的CPU上执行。这是最基础的编程风格和最直观的执行模型。每个任务依次执行，一个任务完成后才开始下一个任务。如果任务始终按照一定的串行执行，那么当后续任务开始执行时，可以假设前面所有的任务已经完成且没有错误，其结果都可以供后续任务使用。这是一种逻辑上的简化。

并发编程涉及将程序拆分为多个任务，并以任意顺序运行这些任务，同时确保结果保持一致。这使得并发成为软件开发中一个具有挑战性的领域。数十年的研究和实践催生了各种具有不同目标的并发模型。这些模型主要旨在优化性能、效率、正确性和可用性。根据上下文可知，并发中包含不同的名词，如任务、协程、进程或线程。

计算处理设备存在不同的形式，包括配备多个处理器的单台计算机、通过网络连接的多台计算机、专用计算硬件或任意组合。执行过程由运行时系统(操作系统)控制。在配备多个处理器或多个内核的系统中，可以实现并行计算或在单个处理器内核上进行多任务处理。关键在于执行细节由运行时系统处理，开发者只需考虑可以并发执行的独立任务。

有了安全运行并发任务的方法，我们还需要一种方法来协调任务与共享资源之间的交互。这也是容易引起并发问题的领域。使用旧数据的任务可能会导致不一致的更新、系统发生死锁，或者不同系统中的数据永远无法收敛为统一值等。任务访问共享资源的顺序完全由任务分配给处理器的方式控制，而不是由开发者控制。也就是说，每个任务何时执行以及执行多长时间，由编程语言在操作系统中的实现自动决定。因此，并发错误很难重现，但可以通过在程序中实施适当的设计实践、最小化任务通信和使用有效的同步技术加以避免。

虽然有了安全协调任务的方法，但任务之间经常需要相互通信。任务之间的通信可以是同步的，也可以是异步的。同步调用保留控制权，因为它在操作完成之前不会返回，从而形成一个同步点。异步调用请求某个事件发生，并在事件发生时接收通知，同时释放资源以执行其他事情。在异步模型中，任务将持续运行，直到将控制权转移给其他任务。注意，我们可以混合使用异步和并发模型，并在同一系统中同时使用两者。

接下来，我们将学习一种创建并发程序的方法论，即Foster方法论。

13.2 Foster方法论

1995年，Ian Foster提出了一套用于设计并发系统的步骤，称为Foster设计方法论[1]。这是一个由四步构成的并行算法设计过程。我们先以抽象的方式依次介绍步骤，然后提供具体的示例。

假设你正在计划和朋友们一起进行一次公路旅行。你的任务是确保旅行愉快，并做好所有必要的安排。需要考虑以下四个步骤。

(1) 划分。将公路旅行划分为若干较小的任务，如规划路线、预订住宿和研究旅游景点。这样可以更好地组织旅行计划，并确保完成所有必要的任务。

在并发中，我们识别出可以并发执行的部分，并将问题分解为多个任务。这种分解是通过数据或任务分解方法(参见第7章)来实现的。在此过程中出现的实际问题，如目标计算机中的处理器数量，将会被忽略，重点放在识别可以独立执行的任务。

(2) 通信。在准备公路旅行时，你需要与所有相关人员进行沟通，以获取执行任务所需的数据。你可以创建一个群聊或电子邮件组，以便讨论每个人对路线、住宿和旅游景点的偏好。

同样，组织必要的通信，以获取执行任务所需的数据。确定协调任务执行所需的通信，并定义适当的通信结构和算法。

(3) 聚集。聚集是指通过将任务和责任划分为特定领域，以此建立责任区域。任务根据其相似性或相关性进行分组，如预订住宿和研究旅游景点。这便于进行沟通和协调，简化规划过程，因为每个人都负责特定的领域。

根据性能要求和实施成本，对前两个阶段中定义的任务和通信结构进行评估。可能需要将任务重新划分为较大的任务，以减少通信或简化实施，同时尽可能保持灵活性。

---

1 Ian Foster，《设计并创建并行程序》，网址为 https://www.mcs.anl.gov/~itf/dbpp。

(4) 映射。最后，需要将任务分配给参加公路旅行的成员。例如，一个人可以负责导航和驾驶汽车，另一个人可以负责预订住宿和门票。目标是将总体执行时间最小化，并确保每个人都能为公路旅行的成功做出贡献。

将任务分配给处理器时，通常的目标是最小化总体执行时间。可以使用负载均衡或任务调度技术来提高映射质量。将每个任务分配给处理器，以尽量满足最大化处理器利用率和最小化通信成本的目标。映射可以静态指定，也可以由负载均衡算法在运行时确定。

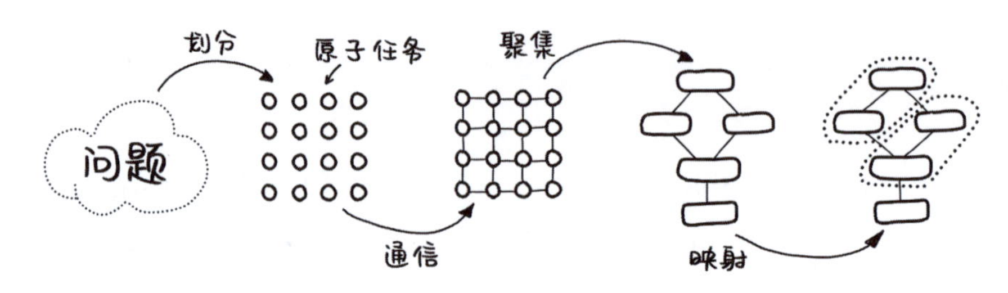

Foster方法论

注意

在设计并发系统时，一个常见的错误是过早选择具体的并发机制。每种机制都有优点和缺点，而对于特定的问题，最佳的机制通常是通过微妙的权衡和妥协来确定的。选择机制越早，可以参考的信息就越少。

因此，在设计过程的早期阶段，应该考虑与机器无关的设计方法论，如任务独立性，并将与机器相关的点推迟到设计过程的最后阶段。在前两个阶段中，应关注并发性和可扩展性，并寻找具备这些特性的算法。在第三和第四阶段中，重点转向效率和性能。实现并发程序是确保预期算法有效实施的最后一步，可能要考虑机器或算法的特性。在本章的后续部分，我们将深入探讨这些步骤，并通过示例展示应用方法。

13.3 矩阵乘法

考虑在矩阵乘法中使用Foster方法论。每个矩阵都是二维数组的数组，如果第一个矩阵***A***的列数等于第二个矩阵***B***的行数，则两个矩阵可以相乘。

将***A***乘以***B***的结果称为矩阵***C***，***C***的维度等于***A***的行数和***B***的列数。矩阵***C***中的每个元素是***A***中对应行与***B***中对应列的乘积。

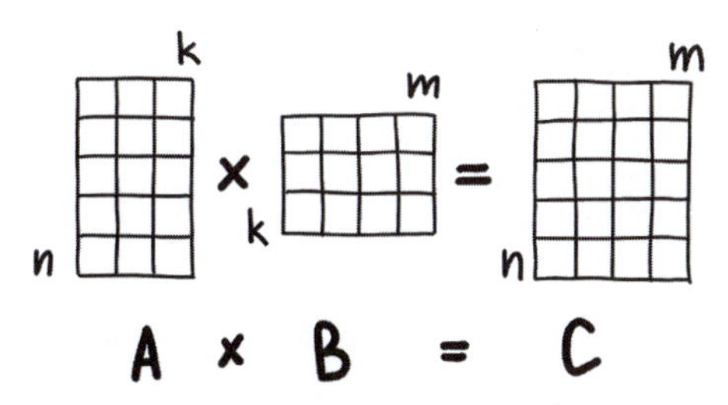

例如，元素$c_{2,3}$是矩阵$\boldsymbol{A}$的第二行与矩阵$\boldsymbol{B}$的第三列的乘积。用等式表示为$\boldsymbol{c}_{2,3}= \boldsymbol{a}_{2,1} \times \boldsymbol{b}_{1,3}+\boldsymbol{a}_{2,2} \times \boldsymbol{b}_{2,3}$。

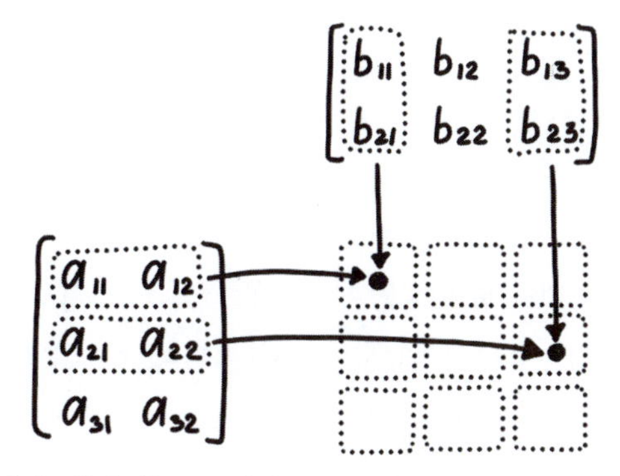

为了进行比较，我们首先使用顺序算法计算矩阵。

```
# Chapter 13/matmul/matmul_sequential.py
import random
from typing import List

Row = List[int]
Matrix = List[Row]

def matrix_multiply(matrix_a: Matrix, matrix_b: Matrix) -> Matrix:
    num_rows_a = len(matrix_a)
    num_cols_a = len(matrix_a[0])
    num_rows_b = len(matrix_b)
    num_cols_b = len(matrix_b[0])
    if num_cols_a != num_rows_b:
        raise ArithmeticError(
            f"Invalid dimensions; Cannot multiply "
            f"{num_rows_a}x{num_cols_a}*{num_rows_b}x{num_cols_b}"
        )
    solution_matrix = [[0] * num_cols_b for _ in range(num_rows_a)]
    for i in range(num_rows_a):
        for j in range(num_cols_b):
            for k in range(num_cols_a):
                solution_matrix[i][j] += matrix_a[i][k] * matrix_b[k][j]
```

使用矩阵A的行数和矩阵B的列数，创建用0填充的新矩阵

矩阵A中的每一行

矩阵B中的每一列

矩阵A中的每一列

```
    return solution_matrix


if __name__ == "__main__":
    cols = 3
    rows = 2
    A = [[random.randint(0, 10) for i in range(cols)]
         for j in range(rows)]
    print(f"matrix A: {A}")
    B = [[random.randint(0, 10) for i in range(rows)]
         for j in range(cols)]
    print(f"matrix B: {B}")
    C = matrix_multiply(A, B)
    print(f"matrix C: {C}")
```

生成随机矩阵

这段代码实现了矩阵乘法的顺序计算，两个矩阵***A***和***B***通过乘法生成矩阵***C***。该函数使用一组嵌套的`for`循环，遍历矩阵***A***的行和矩阵***B***的列。第三个`for`循环对***A***的行和***B***的列的元素进行求和。通过这种方式，程序填充结果矩阵***C***的值。接下来的目标是设计和编写并发程序，计算两个矩阵的乘积。这是一个常见的数学问题，利用并发能够大幅提高性能。

13.3.1 划分

Foster方法论的第一步是划分，旨在识别并发机会。因此，第一步的重点是识别出大量的小任务，并将问题进行细颗粒度分解(参见第7章)。正如细沙比砖块更容易堆积，细颗粒度分解为最大程度的并发算法提供了灵活性。

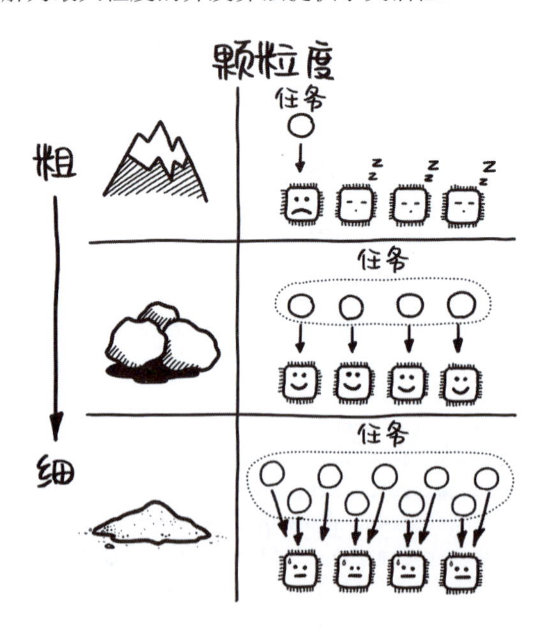

目标

划分的目标是发现颗粒度尽可能细的任务。划分是唯一的方法，由于其他步骤通常会减少并发量，因此划分的目标是找到所有并发机会。在这一初始阶段，无需关注处理器内核数量和目标机器类型等实际问题，而是应该将注意力放在识别并行执行的机会。

注意

划分步骤产生的任务数量，必须要比目标机器的处理器数量多一个数量级。否则，在代码设计的后期阶段将缺少回旋余地。

数据与任务分解

当实现并发算法时，我们假设程序将由多个处理单元执行。为此，我们需要隔离出算法中可以独立执行的一组操作，这一过程称为分解。分解存在两种类型，即数据分解和任务分解(参见第7章)。

如果使用该算法处理大量数据，可以尝试将数据分成几部分，每个部分都由单独的处理单元独立处理，这就是数据分解。相对地，任务分解是根据功能分解计算。

注意

并非在所有情况下都可以进行分解。某些算法不支持多个执行程序参与实现。为了加速这些算法，可进行垂直扩展，但这种做法存在物理限制(参见第1章)。

数据分解和任务分解是解决问题的互补方法，两者可结合使用。因为数据分解是许多并发算法的基础，开发者通常从数据分解着手。然而，任务分解有时可以提供对问题的不同视角。任务分解能发现问题或揭示优化问题的机会。如果经验不足，则只通过观察数据难以发现问题。

举例

回到矩阵乘法的例子。对于使用顺序计算实现的程序，我们需要思考如何对它进行分解、分析依赖关系，并确定程序的哪些部分可以独立运行。

根据矩阵乘法的定义，矩阵$\boldsymbol{C}$的所有元素都可以独立计算。因此，划分矩阵乘法的可行方法是将子任务定义为计算矩阵$\boldsymbol{C}$的单个元素。这种情况下，子任务的总数就是$n \times m$(基于矩阵$\boldsymbol{C}$的元素数量)。

使用这种方法实现的并发性可能过高，因为子任务的数量远远超过可用的处理器内核数。但在划分阶段，这种情况是可以接受的。在后续的聚合阶段，将进行压缩。

13.3.2 通信

代码设计的下一步是建立通信，这涉及到协调执行，并在任务之间建立通信通道。

目标

当所有计算都是单独的顺序程序时，所有数据对程序的各个部分都是可用的。当计算被划分为可以在不同处理器，甚至不同处理器内核中运行的独立任务时，一些任务所需的数据可能驻留在本地内存中，而另一些数据可能驻留在其他任务的内存中。在任何情况下，任务之间都需要彼此交换数据。有效组织通信可能是一个挑战。即使对于简单的分解，也可能涉及复杂的通信结构。我们希望在程序中将通信开销最小化，因此定义通信至关重要。

注意

如前所述，实现并发的最佳方法是减少并发任务之间的通信和依赖关系。如果每个任务都使用自己的数据集工作，则不需要使用锁来保护数据。即使两个任务共享一个数据集，也可以考虑拆分该数据集或为每个任务提供独立的副本。当然，复制数据集也会产生开销，因此在做出决策之前，我们需要权衡复制开销与同步开销之间的差异。

举例

当前，并发算法由一组任务构成，每个任务负责计算矩阵$\boldsymbol{C}$中一个元素的值，以矩阵$\boldsymbol{A}$的一行和矩阵$\boldsymbol{B}$的一列作为输入。

在聚合阶段，我们可以考虑将任务合并来计算所有矩阵行，而不仅仅是计算矩阵$\boldsymbol{C}$的一个元素，这种情况下，矩阵$\boldsymbol{A}$的一行和矩阵$\boldsymbol{B}$的所有列必须可用于计算。一个简单的解决方案是在所有任务中复制矩阵$\boldsymbol{B}$，但这将导致数据存储的内存开销较大，因此这样做是不可行的。另一个方法是始终使用共享内存，因为该算法只对矩阵$\boldsymbol{A}$和矩阵$\boldsymbol{B}$进行读取访问，并独立运算矩阵$\boldsymbol{C}$中的元素。在后续阶段，我们将对这些选项进行权衡，并针对问题选择最佳解决方案。

13.3.3 聚合

在算法设计的前两个阶段，分解计算过程以实现并发最大化，并引入任务间的通信，以便任务能够获取所需的数据。由此而来的算法仍然不够具体，因为它没有针对特定计算机设计运行过程。此前的设计可能与实际计算机不匹配。如果任务数量远超处理器数量，则任务分配给处理器的方式将严重影响开销。位于第三步的聚合阶段，负责重新审视划分和通信步骤中所做的决策。

目标

聚合的目标是提高性能并简化开发工作，通常是通过将一组任务合并成较大的任务来实现。这些目标通常是相互矛盾的，需要做出妥协。

在某些情况下，将执行时间差异较大的任务组合在一起可能会导致性能问题。例如，如果将一个执行时间较长的任务与多个执行时间较短的任务组合在一起，那么执行时间较短的任务可能需要等待较长时间才能完成。另一方面，分割任务虽然能够简化设计，但会导致性能降低。这种情况下，可能需要在简化和性能之间做出妥协。

参考第7章中的铲雪示例。由于铲雪比撒盐更为烦琐和缓慢，因此在制定铲雪计划时，拿着盐袋的工人希望让铲雪工人先开始工作。当撒盐工人追上铲雪工人时，双方可以交换工作，让铲雪工人暂时拿着盐袋休息，同时等待另一组工人先铲雪。双方交替工作，直到完成铲雪计划。这样可以减少工人之间的通信，从而提高整体性能。

减少通信开销是提高性能的一种方式。当两个相互交换数据的任务合并为一个任务时，数据通信成为该任务的一部分，能够消除通信及其开销。这种方式被称为增加局部性。

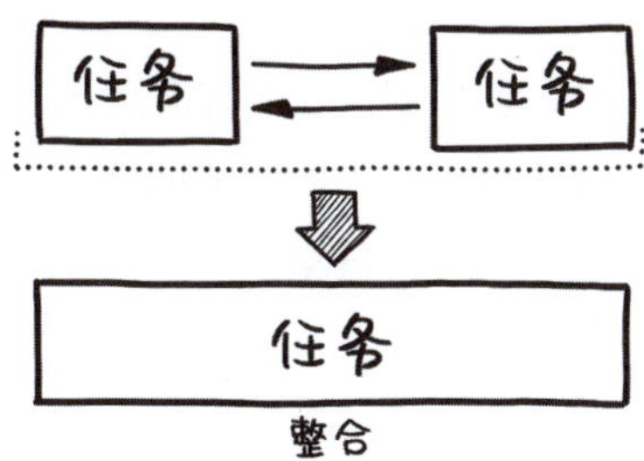

减少通信开销的另一种方法是在可能的情况下，将发送数据的任务和接收数据的任务进行分组。换句话说，假设任务T1向任务T3发送数据，任务T2向任务T4发送数据。通过将T1和T2合并为任务T1，以及将T3和T4合并为任务T3，可以减少通信开销。虽然传输时间并未减少，但合计的等待时间减半。这是因为任务在等待数据期间无法进行计算，因此这段时间的等待是一种资源浪费。

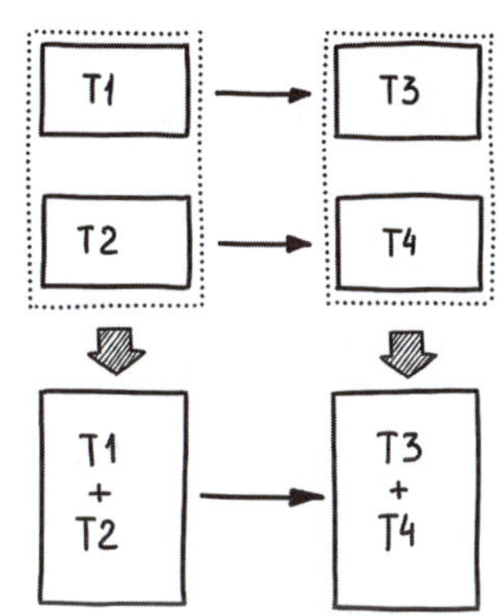

举例

在之前对矩阵进行划分时，我们采用了细颗粒度的方法。结果矩阵中的每个元素都需要计算。根据结果矩阵中的元素数量，将乘法任务划分为独立的子任务，每个子任务负责计算一个矩阵元素。在评估通信时，我们确定每个子任务需要矩阵***A***的一行和矩阵***B***的一列。对于单指令流多数据流(SIMD)计算机(参见第3章)，理想情况下应在线程之间共享***A***和***B***矩阵；在SIMD计算机上，使用大量线程能够提高运行效率。每个线程负责计算一个结果。

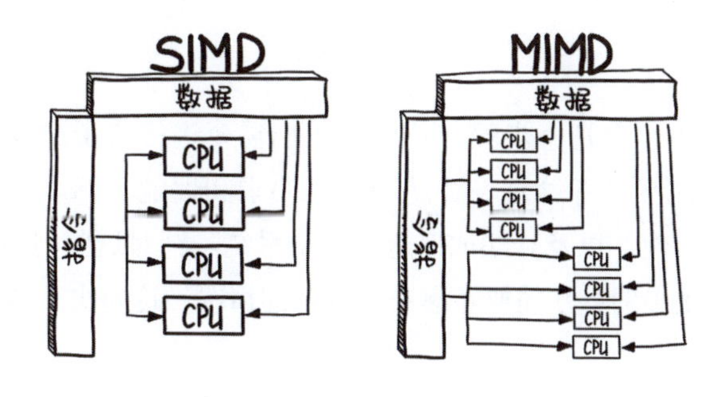

如果我们使用的是普通的多指令流多数据流(MIMD)计算机(参见第3章)，则任务数量远超处理器(p)的数量。如果矩阵$n \times m$中的元素数量远超p，可以通过将若干相邻行和列矩阵组合成子任务，将任务聚合。这种情况下，原始矩阵$\boldsymbol{A}$被分割成多个水平条带，矩阵$\boldsymbol{B}$则为一组垂直条带。理想情况下，带宽大小(d)应等于$d=n \times m/p$(假设n是p的倍数)，以确保计算负载在处理器之间均匀分布。这样就减少了任务之间的通信，因为部分通信在任务内部进行处理。

注意

过度聚合同样是不可取的，会限制程序的可扩展性。设计良好的并行程序能够适应处理器数量的变化。应避免对程序中的任务数量施加不必要的严格限制。设计应尽可能利用更多的处理器内核。将内核数作为输入变量，并基于此进行设计。

13.3.4 映射

Foster方法论的最后一步是将每个任务分配给一个处理单元。当然，在单处理器计算机或操作系统提供自动任务调度的共享内存计算机上，不存在此问题。如果只是编写桌面计算机上运行的程序，如本书的示例所述，那么调度不是开发者需要考虑的问题。如果使用分布式系统或具有许多处理器的专用硬件处理大规模任务，调度则是影响因素。下一节将展示分布式计算的示例。

目标

算法映射的目标是同时最小化程序执行时间和优化资源利用。有两种基本策略可以实现这一目标。其一，将可以并行运行的任务分配到不同的处理器上，以增加整体并发性；其二，将频繁交互的任务分配到同一处理器上，以增加局部性，保持任务彼此靠近。在某些情况下，我们可以同时使用这两种方法，但二者经常相互冲突，因此需要进行权衡。在很大程度上，设计良好的映射算法取决于程序的结构和运行的硬件，但遗憾的是，这超出了本书讨论的范围。

举例

在矩阵乘法示例中，我们将任务的映射和调度委托给操作系统，不需要我们额外关注。

13.3.5 实施

在设计过程中还包含几个步骤。首先，我们需要进行初步的性能分析，以便在候选算法之间进行选择，并检查设计是否满足要求和性能目标。还需要考虑算法实现成本、代码可复用性，以及算法如何适配整个系统。针对这些问题要具体问题具体分析。实际应用场景中的算法需要考虑更为复杂的情况，这超出了本书讨论的范围。

并发矩阵乘法的代码实现如下：

```
# Chapter 13/matmul/matmul_concurrent.py
from typing import List
import random
from multiprocessing import Pool

Row = List[int]
Column = List[int]
Matrix = List[Row]


def matrix_multiply(matrix_a: Matrix, matrix_b: Matrix) -> Matrix:
    num_rows_a = len(matrix_a)
    num_cols_a = len(matrix_a[0])
    num_rows_b = len(matrix_b)
    num_cols_b = len(matrix_b[0])
    if num_cols_a != num_rows_b:
        raise ArithmeticError(
            f"Invalid dimensions; Cannot multiply "
            f"{num_rows_a}x{num_cols_a}*{num_rows_b}x{num_cols_b}"
        )

    pool = Pool()    # 创建新进程池，并发计算矩阵
    results = pool.map(
        process_row,
        [(matrix_a, matrix_b, i) for i in range(num_rows_a)])
    # 对矩阵中的每行应用函数，传入矩阵A、矩阵B、行索引，返回结果列表
    pool.close()
    pool.join()
    return results


def process_row(args: tuple) -> Column:
    matrix_a, matrix_b, row_idx = args
    num_cols_a = len(matrix_a[0])
    num_cols_b = len(matrix_b[0])

    result_col = [0] * num_cols_b
    for j in range(num_cols_b):
        for k in range(num_cols_a):
            result_col[j] += matrix_a[row_idx][k] * matrix_b[k][j]
    return result_col
# 将矩阵A的一行乘以矩阵B的各列，返回计算得到的列


if __name__ == "__main__":
    cols = 4
    rows = 2
    A = [[random.randint(0, 10) for i in range(cols)] for j in range(rows)]
```

```
    print(f"matrix A: {A}")
    B = [[random.randint(0, 10) for i in range(rows)] for j in range(cols)]
    print(f"matrix B: {B}")
    C = matrix_multiply(A, B)
    print(f"matrix C: {C}")
```

这个程序定义了名为matrix_multiply的函数，它接收两个矩阵，并发计算它们的乘积。使用进程池，将计算分解为更小的任务，同时计算矩阵的各个列。随后程序收集任务结果，并将结果存储在结果矩阵中。

实际上，许多框架和库已经解决了此类数学问题。在下一节中，我们将使用Python来解决分布式词频统计问题，部分大数据课程已将该问题视为大数据领域的“Hello world”应用程序。

13.4 分布式词频统计

分布式词频统计是一个经典的大数据问题，可以使用分布式计算解决。其目标是统计大型数据集(通常是文本文件或一组文本文件)中每个单词的出现次数。虽然这个任务看似简单，但在处理大规模数据集时，可能会变得非常耗时且消耗资源。

词频统计具有一定难度。举个例子，1631年《英王詹姆斯圣经》的重新印刷过程中发生了严重错误。在印刷中要将所有字母(共计3116,480个)精准地放置在印刷机的下印板上，以拼写《圣经》中的全部783,137个单词。然而错误发生了，在一条众所周知的经文中漏掉了not一词。如果印刷商有一种自动计算所有应该出现在最终产品中的单词和字母的方法，则这一重大错误就可以避免。这个事故强调了准确高效的词频统计的重要性，尤其是在处理大型数据集的情况下。

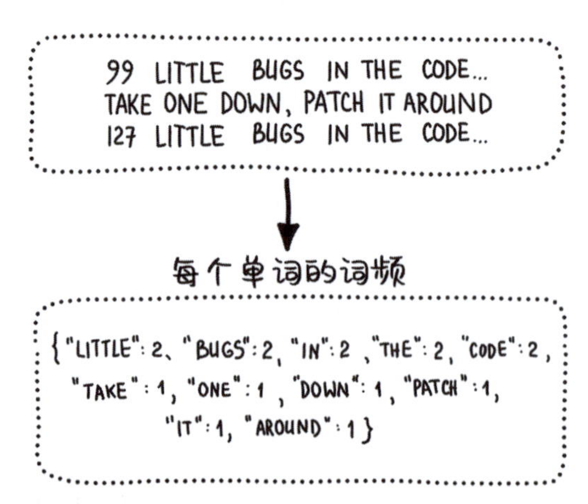

作为起点，我们创建一个简单的顺序程序。

```python
# Chapter 13/wordcount/wordcount_seq.py
import re
import os
import glob
import typing as T

Occurrences = T.Dict[str, int]

ENCODING = "ISO-8859-1"


def wordcount(filenames: T.List[str]) -> Occurrences:
    word_counts = {}
    for filename in filenames:
        print(f"Calculating {filename}")
        with open(filename, "r", encoding=ENCODING) as file:
            for line in file:

                words = re.split("\W+", line)


                for word in words:
                    word = word.lower()
                    if word != "":
                        word_counts[word] = 1 + word_counts.get(word, 0)
    return word_counts


if __name__ == "__main__":
    data = list(
        glob.glob(f"{os.path.abspath(os.getcwd())}/input_files/*.txt"))
    result = wordcount(data)
    print(result)
```

对于每个文件名

对于当前文件中的每一行

用正则表达式将每行分割为单词，不包括标点

如果不为空，则统计单词

程序读取每个文件中的文本，将其分割为单词(忽略标点符号和大小写)，并更新字典中每个单词的总计数。针对每个单词，程序会创建一个键值对(`word,1`)。其中单词作为键，关联的值1表示该单词已被记录一次。

我们的目标是设计并构建一个并发程序，用于统计每个文档中每个单词的出现次数，该程序需要处理千兆字节级的文件并在分布式计算机集群上运行。我们将再次运用Foster方法论来处理词频统计问题。

注意

多代分布式数据引擎都使用词频统计作为演示。首先是在MapReduce中被引入，然后推广到包括Pig、Hive和Spark在内的多种其他引擎。

13.4.1 划分

为了创建每个单词与其在数据集中的词频统计解决方案，我们必须解决两个主要问题：一是将文本文件分解为单词；二是计算每个单词的出现次数。第二个任务依赖于第一个任务的完成，因为在文本被分解为单词之前，无法计算单词出现次数。这是任务分解的典型示例，我们可以根据其功能将问题分解为较小的任务。在划分过程中，重点主要放在要执行的任务类型上，而不是计算所需的数据。

词频统计类似于第7章中介绍的map/reduce模式，可以用两个步骤或阶段表示计算，即map和reduce。

map阶段负责读取文本文件并将其拆分为单词。通过将输入数据分割为多个数据块，可以在map阶段实现最大并发性，这是map阶段的目标。对于M个工作进程，我们希望有M个数据块，确保每个工作进程都有工作可以处理。worker进程的数量主要取决于可用的机器数量。

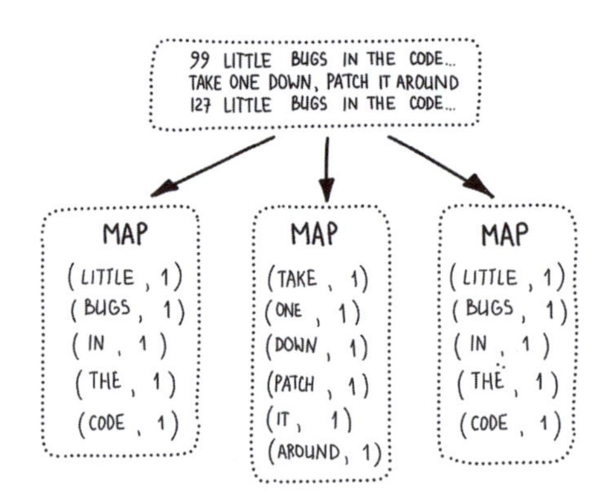

无论需要处理的数据有多复杂，map阶段都会产生由键和值组成的事件。键对于reduce阶段而言非常重要。

reduce任务接收来自map任务的键值对列表，并将每个唯一键的所有值进行组合。例如，如果map任务的输出是`[("the",1),("take",1),("the",1)]`，则reduce任务组合键`"the"`的值，产生输出`[("the",2)]`，这一过程称为数据归约或聚合。reduce阶段的输出是包含唯一键及单词总数的列表。

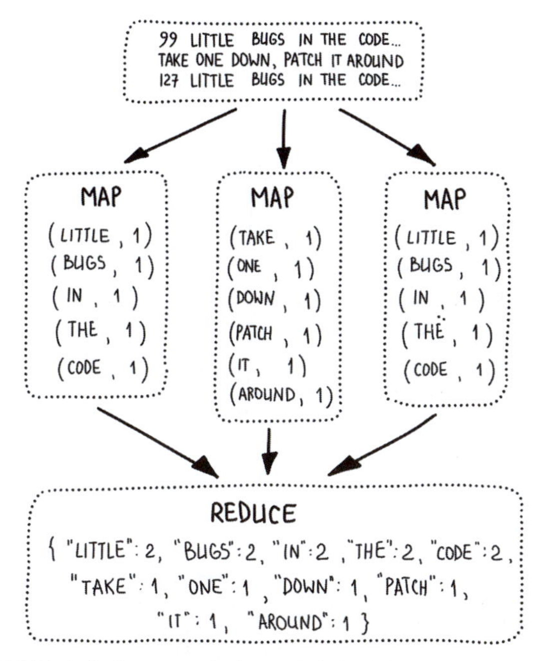

在此，可以通过创建多个reduce任务，并为每个任务分配需要处理的单词列表，以构建算法。最佳实现取决于后续步骤。

然而，无法预测某个worker进程将读取某个文件。读取的文件可以是任意的，且顺序不定。这样一来，程序具有充足的水平扩展能力。只需添加更多的worker节点，即可同时读取更多文件。如果有无限的硬件资源，则可并行读取每个文件，将数据读取时间缩减至最长文本的读取时间。

13.4.2 通信

集群中的所有worker节点都分配了待读取的数据块。在词频统计示例中，假设正在读取大量的文本文件，如一整套书籍，其中每本书就是一个单独的文件。

为了存储和分发文本数据，我们可以使用网络附加存储(Network Attached Storage，NAS)。NAS是大型存储驱动器和特殊硬件平台的组合，能够将存储驱动器连接到本地计算机网络。这样，我们就无需担心复杂的通信协议，因为集群中的每个节点都可以像访问本地磁盘一样访问文件。

映射和归约任务可以在集群中的任意机器上运行，不需要共享上下文。任务既可以在同一台机器上运行，也可以在完全不同的机器上运行。这意味着映射阶段输出的所有数据都必须传输到归约阶段，如果数据太大无法放入内存(通常是这种情况)，则可能需要写入磁盘。有几种可以处理数据太大的方案。第一种是使用消息传递进行进程间通信(IPC)(参见第5章)。第二种是使用共享数据存储映射任务的中间数据，归约任务可以使用共享的NAS。这里，我们使用第二种方法。

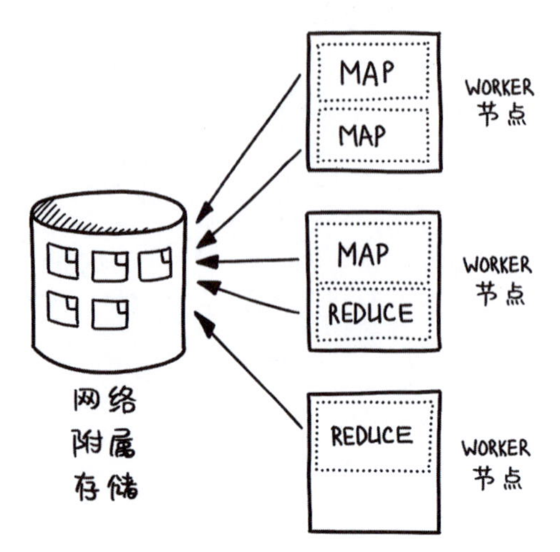

另一个需要考虑的因素是通信方式是同步还是异步。在同步通信中，所有任务必须等待整个通信过程完成后，才能继续执行其他工作。这可能导致任务在等待数据交换上花费大量时间，而不是执行有用的工作。

在异步通信中，不管接收任务何时接收到消息，只要任务发送了异步消息，就可以立即执行其他工作。此外，还要考虑特定通信策略所带来的处理开销。毕竟，用于发送和接收数据的CPU周期无法用于处理数据。

对于本示例而言，使用异步通信是有益的。这是因为存在长时间运行的任务，不可阻塞执行，并且任务间存在大量通信。

13.4.3 聚合

目前，每个映射任务产生的是单词对(`word,1`)。一个显著加快速度的方法是在映射阶段结束和归约阶段开始之前，在本地对每个映射任务进行预聚合。这一步骤称为合并(combine)，类似于归约。合并步骤接收按键分组的任意中间键值对列表，执行值聚合操作(在可能的情况下)，并输出更少的键值对。换句话说，合并可以适当地预先聚合部分中间值，以减少映射任务和归约任务之间的通信开销。

此外，对于减少任务数量以简化算法，我们通过使用一个归约任务，将所有归约任务聚合到一个大型归约任务中。由于刚加入了合并任务，因此需要计算的数据量不会太大，聚合难度相对较小。

13.4.4 映射

聚合阶段结束后，我们的状态就像一位准备指挥交响乐的作曲家。但是，只有当指挥家协调各位演奏家以他自己的风格进行演奏时，才能产生美妙的乐声。接下来，我们将任务调度到实际的处理资源上。

任务调度算法中最为重要(也是最复杂)的部分是在worker节点之间分配任务的策略。通常，策略要在独立工作(以减少通信成本)和全局计算状态的冲突需求之间做出妥协，以改善负载均衡。

我们采用最简单的方法，即使用一个中央调度器。中央调度器负责将任务发送给worker节点，跟踪进度并返回结果。中央调度器选择空闲的worker节点，并将节点分配给映射任务或归约任务。当所有worker节点完成映射任务时，调度器便通知节点开始执行归约任务(在示例中，只有一个worker节点)。

每个worker节点重复向调度器请求和完成任务，并将工作的结果返回给调度器。这种策略的效率取决于worker节点的数量及接收和完成任务的相对成本。因为无法预先知道文件的数量和大小，所以我们使用了一种相对复杂的动态任务分配策略。因此，在作业开始之前，我们无法保证最佳的任务分配。

13.4.5 实施

下图提供了整个程序运行情况的概览。服务器启动执行并创建一个中央调度器。为每个映射worker节点分配一个待处理的文件。如果文件数量超过worker节点，则完成处理的worker节点会被分配到另一个文件。在完成映射任务之前，触发合并任务来聚合映射任务的输出，从而减少通信开销。映射阶段完成后，调度器开始进入归约阶段，将所有映射输出合并为单个输出。

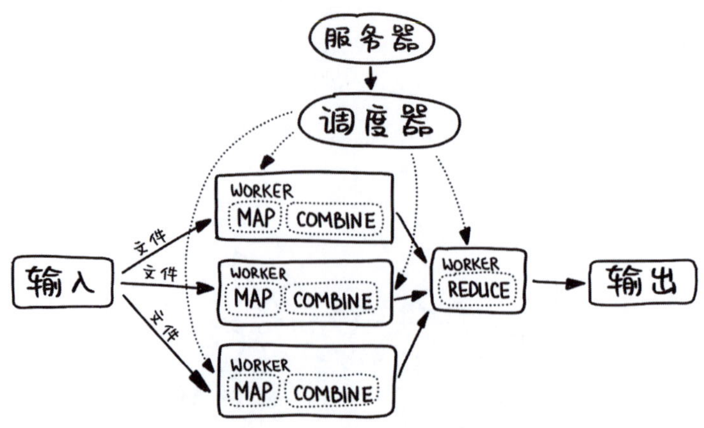

服务器代码如下：

```
# Chapter 13/wordcount/server.py
import os
import glob
import asyncio

from scheduler import Scheduler
from protocol import Protocol, HOST, PORT, FileWithId


class Server(Protocol):
    def __init__(self, scheduler: Scheduler) -> None:
        super().__init__()
        self.scheduler = scheduler

    def connection_made(self, transport: asyncio.Transport) -> None:
        peername = transport.get_extra_info("peername")
        print(f"New worker connection from {peername}")
        self.transport = transport
        self.start_new_task()

    def start_new_task(self) -> None:
        command, data = self.scheduler.get_next_task()
        self.send_command(command=command, data=data)

    def process_command(self, command: bytes,
                        data: FileWithId = None) -> None:
        if command == b"mapdone":
            self.scheduler.map_done(data)
            self.start_new_task()
        elif command == b"reducedone":
            self.scheduler.reduce_done()
            self.start_new_task()
```

当新worker连接服务器时，定义调用的方法

从调度器获取下一个任务，向worker发送一条指令和数据

```
        else:
            print(f"Unknown command received: {command}")


def main():
    event_loop = asyncio.get_event_loop()

    current_path = os.path.abspath(os.getcwd())
    file_locations = list(
        glob.glob(f"{current_path}/input_files/*.txt"))
    scheduler = Scheduler(file_locations)

    server = event_loop.create_server(
        lambda: Server(scheduler), HOST, PORT)

    server = event_loop.run_until_complete(server)

    print(f"Serving on {server.sockets[0].getsockname()}")
    try:
        event_loop.run_forever()
    finally:
        server.close()
        event_loop.run_until_complete(server.wait_closed())
        event_loop.close()


if __name__ == "__main__":
    main()
```

获取事件循环

获取输入目录中的文件列表

使用文件名列表创建调度器实例

创建服务器

运行服务器

持续运行事件循环。在finally语句中，关闭服务器，并关闭事件循环

Server是主要的执行进程，负责与每个worker进程进行通信。Server还调用Scheduler为每个worker进程获取下一个任务，并协调映射和归约阶段。

worker代码如下所示：

```
# Chapter 13/wordcount/worker.py
import re
import os
import json
import asyncio
import typing as T
from uuid import uuid4

from protocol import Protocol, HOST, PORT, FileWithId, \
    Occurrences

ENCODING = "ISO-8859-1"
RESULT_FILENAME = "result.json"
```

```
class Worker(Protocol):
    def connection_lost(self, exc):
        print("The server closed the connection")
        asyncio.get_running_loop().stop()

    def process_command(self, command: bytes, data: T.Any) -> None:
        if command == b"map":
            self.handle_map_request(data)
        elif command == b"reduce":
            self.handle_reduce_request(data)
        elif command == b"disconnect":
            self.connection_lost(None)
        else:
            print(f"Unknown command received: {command}")

    def mapfn(self, filename: str) -> T.Dict[str, T.List[int]]:
        print(f"Running map for {filename}")
        word_counts: T.Dict[str, T.List[int]] = {}
        with open(filename, "r", encoding=ENCODING) as f:
            for line in f:
                words = re.split("\W+", line)
                for word in words:
                    word = word.lower()
                    if word != "":
                        if word not in word_counts:
                            word_counts[word] = []
                        word_counts[word].append(1)
        return word_counts

    def combinefn(self, results: T.Dict[str, T.List[int]]) -> Occurrences:
        combined_results: Occurrences = {}
        for key in results.keys():
            combined_results[key] = sum(results[key])
        return combined_results

    def reducefn(self, map_files: T.Dict[str, str]) -> Occurrences:
        reduced_result: Occurrences = {}
        for filename in map_files.values():
            with open(filename, "r") as f:
                print(f"Running reduce for {filename}")
                d = json.load(f)
                for k, v in d.items():
                    reduced_result[k] = v + reduced_result.get(k, 0)
        return reduced_result
```

当丢失服务器连接时，运行此函数

map函数。以文件名为输入参数，打开文件，阅读每一行，将其分割成单词。返回各单词，计数为1

combine函数。接收结果字典，合并各个单词的计数。返回合并的结果

reduce函数。接收文件名字典(键是ID，值是文件名)，读取各个文件，将结果合并为一个字典

```python
    def handle_map_request(self, map_file: FileWithId) -> None:
        print(f"Mapping {map_file}")
        temp_results = self.mapfn(map_file[1])
        results = self.combinefn(temp_results)
        temp_file = self.save_map_results(results)
        self.send_command(
            command=b"mapdone", data=(map_file[0], temp_file))

    def save_map_results(self, results: Occurrences) -> str:
        temp_dir = self.get_temp_dir()
        temp_file = os.path.join(temp_dir, f"{uuid4()}.json")
        print(f"Saving to {temp_file}")
        with open(temp_file, "w") as f:
            d = json.dumps(results)
            f.write(d)
        print(f"Saved to {temp_file}")
        return temp_file

    def handle_reduce_request(self, data: T.Dict[str, str]) -> None:
        results = self.reducefn(data)
        with open(RESULT_FILENAME, "w") as f:
            d = json.dumps(results)
            f.write(d)
        self.send_command(command=b"reducedone",
                          data=("0", RESULT_FILENAME))

def main():
    event_loop = asyncio.get_event_loop()
    coro = event_loop.create_connection(Worker, HOST, PORT)
    event_loop.run_until_complete(coro)
    event_loop.run_forever()
    event_loop.close()


if __name__ == "__main__":
    main()
```

运行map函数

合并map函数的中间结果

将合并好的结果保存到临时文件，返回文件路径

向服务器发送消息，表明map阶段已完成

使用中间map文件结果，调用reducefn函数

将reduce结果保存为JSON文件

向服务器发送消息，表明reduce阶段已完成

在映射阶段中，worker进程调用mapfn函数解析数据，然后调用combinefn函数合并结果，并写入中间(键，值)结果。在归约阶段中，worker进程获取中间数据，对于每个唯一的键，调用一次reducefn函数，并将生成的该键的所有值列表传递给reducefn函数。然后，将最终输出写入一个单独的文件，用户在程序完成后可以访问该文件。

调度器实现如下所示：

```
# Chapter 13/wordcount/scheduler.py
import asyncio
from enum import Enum
import typing as T

from protocol import FileWithId


class State(Enum):
    START = 0
    MAPPING = 1
    REDUCING = 2
    FINISHED = 3


class Scheduler:
    def __init__(self, file_locations: T.List[str]) -> None:
        self.state = State.START
        self.data_len = len(file_locations)
        self.file_locations: T.Iterator = iter(enumerate(file_locations))
        self.working_maps: T.Dict[str, str] = {}
        self.map_results: T.Dict[str, str] = {}

    def get_next_task(self) -> T.Tuple[bytes, T.Any]:
        if self.state == State.START:
            print("STARTED")
            self.state = State.MAPPING

        if self.state == State.MAPPING:
            try:
                map_item = next(self.file_locations)
                self.working_maps[map_item[0]] = map_item[1]
                return b"map", map_item
            except StopIteration:
                if len(self.working_maps) > 0:
                    return b"disconnect", None
                self.state = State.REDUCING

        if self.state == State.REDUCING:
            return b"reduce", self.map_results
```

获取下一个任务

```
        if self.state == State.FINISHED:
            print("FINISHED.")
            asyncio.get_running_loop().stop()
            return b"disconnect", None

    def map_done(self, data: FileWithId) -> None:
        if not data[0] in self.working_maps:
            return
        self.map_results[data[0]] = data[1]
        del self.working_maps[data[0]]
        print(f"MAPPING {len(self.map_results)}/{self.data_len}")

    def reduce_done(self) -> None:
        print("REDUCING 1/1")
        self.state = State.FINISHED
```

当文件完成映射时，回调此函数

当所有文件完成映射和归约时，回调此函数

这就是中央调度器。在实现中，调度器被分成以下四种状态。

- 开始状态 —— 调度器初始化必要的数据结构。
- 映射状态 —— 调度器分发所有映射任务。每个任务都是一个单独的文件，因此当服务器请求下一个任务时，调度器只需返回下一个未处理的文件。
- 归约状态 —— 除了一个工作流，调度器停止其余所有工作流，用于执行单个归约任务。
- 完成状态 —— 调度器在此处停止服务器，从而终止程序的执行。

注意

为进行测试，我使用了Project Gutenberg(https://www.gutenberg.org/help/mirroring.html)上提供的图书。在处理千兆字节级的数据时，整个系统能够表现出较高的运行效率。

13.5 本章小结

- 本书的前12章提出了有关并发的难题。本章将之前所学的知识融会贯通。
- 在开始编写并发程序前，我们首先要研究待解决的问题，确保所创建的并发程序符合任务需求。
- 接下来，确保问题可被分解为多个任务，并确认任务之间的通信和协调。
- 在第三步和第四步中，只有当抽象算法运行在特定类型的并行计算机上时，程序的并发价值才得以体现。我们需要考虑使用的是集中式多处理器还是多计算机系统以及支持哪些通信方式。还需要考虑应该如何组合任务，以便高效地将任务分配到处理器中。

结　语

回顾本书，我们运用了多种抽象概念来阐述并发系统设计的复杂性。从交响乐团的协作到医院候诊室的流程，从快餐服务到家庭维护，我们进行了一系列类比，旨在帮助读者理解和掌握并发的相关知识。然而并发编程领域还包含很多内容，虽然本书介绍了编写并发程序的多种策略，但所触及的只是冰山一角。

读者在阅读完全书并打下坚实的基础后，可能希望更深入地学习并发编程。实际上，还有很多值得探索的未知，现在就开始行动吧！